MATHEMATIK

Primarstufe 4

Themenbuch

LMVZ

Projektleitung und Gesamtkonzept
Bernhard Keller
Roland Keller
Marion Diener

Autorenteam
Marion Diener
Barbara Höhtker
Bernhard Keller
Roland Keller
Verena Kummer
Erica Meyer-Rieser
Heidi Studer Brodmann

Gestaltung
Umschlag Anja Naef, naef-grafik.ch
Inhalt Prisca Itel-Mändli, typobild

Illustrationen
Bruno Muff

Fotos
Umschlag Fotolia.com
Inhalt Giorgio Balmelli
Weitere Fotos siehe Bildnachweis

© 2014 Lehrmittelverlag Zürich
4. korrigierte Auflage 2018 (3. Auflage 2017)
Gedruckt in der Schweiz
Klimaneutral gedruckt auf FSC-Recyclingpapier
ISBN 978-3-03713-467-2

www.lmvz.ch
www.mathematik-primar.ch

Dieses Lehrmittel wurde in Zusammenarbeit mit
der Interkantonalen Lehrmittelzentrale und
der Pädagogischen Hochschule Zürich entwickelt.

Das Werk und seine Teile sind urheberrechtlich geschützt.
Nachdruck, Vervielfältigung oder Verbreitung jeder
Art – auch auszugsweise – nur mit vorheriger schriftlicher
Genehmigung des Verlages.

ilz Koordination mit der
Interkantonalen Lehrmittelzentrale

Inhaltsverzeichnis

Aufgabentypen

■ für alle

● zur Auswahl

ⓦ zur Auswahl – zum Weiterdenken

Mehr als 1000	4
1000 Tausender	8
Raum und Bewegung	12
Stellenwert	16
Ziffern und Zahlen	20
Zahlenstrahl	24
Zahlen ordnen	28
Zahlen untersuchen	32
Längen	36
Zeit	40
Linien	44
Addieren	48
Subtrahieren	52
Rechenstrategien Addition	56
Schriftliche Addition	60
Multiplizieren	64
Dividieren	68
Formen	72
Gewichte	76
Hohlmasse	80
Rechenstrategien Subtraktion	84
Schriftliche Subtraktion	88
Flexibel addieren und subtrahieren	92
Körper	96
Textaufgaben	100
Rechenstrategien Multiplikation	104
Schriftliche Multiplikation	108
Rechenstrategien Division	112
Schriftliche Division	116
Flexibel rechnen	120
Pläne	124
Schätzen	128
Diagramme	132
Sachaufgaben	136
Symmetrie	140
Regeln und Strategien	144
Zum Weiterdenken	150
Zum Nachschlagen	182
Bildnachweis	188

Zahlen und Ziffern **Mehr als 1000**

Mehr als 1000

A Die Spitze des Matterhorns liegt 4478 Meter über Meer.
B In einem Wespennest leben bis zu 8000 Wespen.
C Die Gemeinde Eglisau hat rund 4700 Einwohnerinnen und Einwohner.
D Im Eisstadion von Zug haben 7015 Zuschauerinnen und Zuschauer Platz.

1 **Wähle eine Zahl, die grösser als 1000 ist. Was weisst du über deine Zahl? Zeichne und schreibe auf.**

- Wo kommt deine Zahl im Alltag vor?
- In welchem Zusammenhang könnte deine Zahl in einer Zeitung stehen? Notiere zwei bis drei Beispiele.
- Wie viele Tausenderwürfel, Hunderterplatten, Zehnerstangen und Einerwürfel brauchst du, um deine Zahl darzustellen?

- Notiere mit deiner Zahl verwandte Zahlen, zum Beispiel das Doppelte, die Hälfte oder die Nachbarzahlen.
- Welche Rechnungen kannst du mit deiner Zahl ausrechnen?
- Zeichne ein Bild zu deiner Zahl.
- Was weisst du Weiteres über deine Zahl?

1000   **2000**   **3000**   **4000**   **5000**   **6000**

Vorstellungen von Zahlen weiterentwickeln

Mit Tausenderwürfeln, Hunderterplatten, Zehnerstangen und Einerwürfeln können Zahlen dargestellt werden.

1628

2 Welche Zahl ist dargestellt?

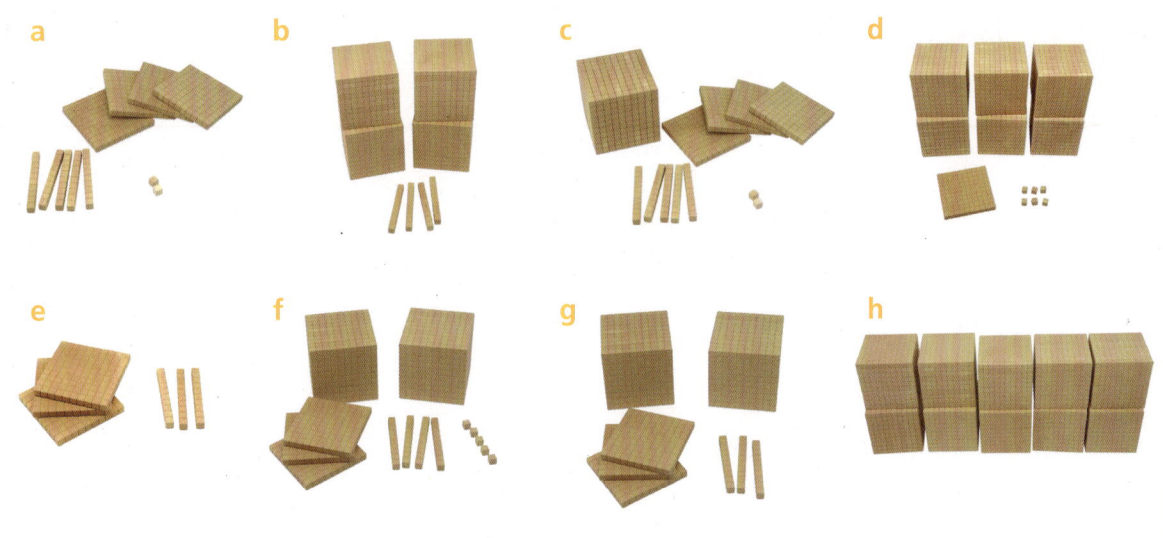

3 Wie viele Franken sind abgebildet?
Schreibe auf, wie du den Betrag bestimmt hast.

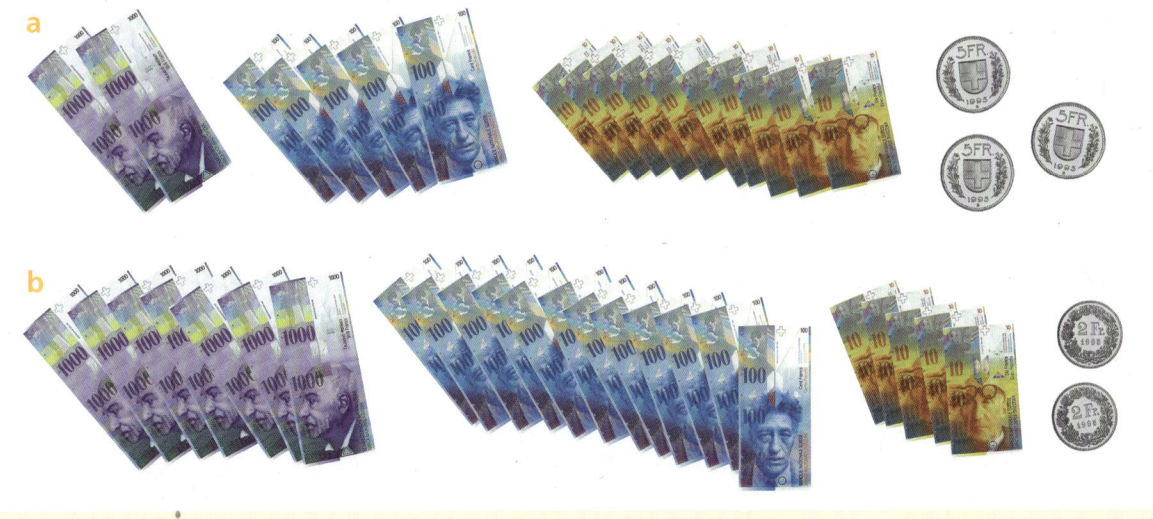

7000 8000 9000 10000 11000 12000

4 Zerlege die Zahlen in Tausender, Hunderter, Zehner und Einer.
Notiere die Zerlegungen.

| 2 Tausenderwürfel |  3 Hunderterplatten | 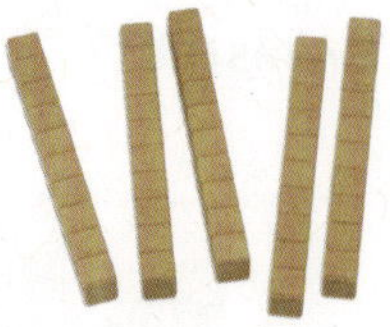 5 Zehnerstangen |  4 Einerwürfel |

Svenja

$2354 = 2000 + 300 + 50 + 4$

Nico

$2354 = 2T + 3H + 5Z + 4E$

a 1594
  2653
  3967

b 5106
  9210
  8043

c 6070
  8200
  7003

5 Zähle in Schritten.

a In 10er-Schritten: 910, 920, 930, …, 1100

b In 100er-Schritten: 2600, 2700, 2800, …, 4000

c In 1000er-Schritten: 1000, 2000, 3000, …, 15 000

d In 10 000er-Schritten so weit, wie du willst: 40 000, 50 000, 60 000, …

e In 50er-Schritten: 850, 900, 950, …, 1350

f In 200er-Schritten: 4200, 4400, 4600, …, 6000

g In 500er-Schritten: 500, 1000, 1500, …, 7000

6 Auf dem Rechenstrich werden Zahlen in der richtigen Reihenfolge angeordnet.

a Zeichne einen Rechenstrich. Trage an einem Ende die Zahl 1000 und am anderen Ende die Zahl 2000 ein. Trage dazwischen vier Zahlen ein.

b Zeichne einen Rechenstrich. Trage an einem Ende die Zahl 1980 und am anderen Ende die Zahl 2035 ein. Trage dazwischen vier Zahlen ein.

c Zeichne einen Rechenstrich. Trage an einem Ende die Zahl 5000 und am anderen Ende die Zahl 10 000 ein. Trage dazwischen vier Zahlen ein.

d Zeichne einen Rechenstrich. Wähle zwei Zahlen zwischen 0 und 10 000 und trage sie an den beiden Enden ein. Trage dazwischen vier Zahlen ein.

7 Schreibe mindestens fünf Rechnungen mit dem Resultat 10 000 auf.

$$9000 + 500 + 500 = 10'000$$
$$5 \cdot 2000 = 10'000$$

8 Schreibe mindestens fünf Rechnungen mit grossen Zahlen auf und rechne sie aus.

Zum Weiterdenken: S. 150, Aufgabe 1

Zahlen und Ziffern **1000 Tausender**

1000 Tausender
Tausenderzahlen

1 000	1 Tausend **oder** Tausend
10 000	10 Tausend
100 000	100 Tausend
1 000 000	1 000 Tausend = 1 Million

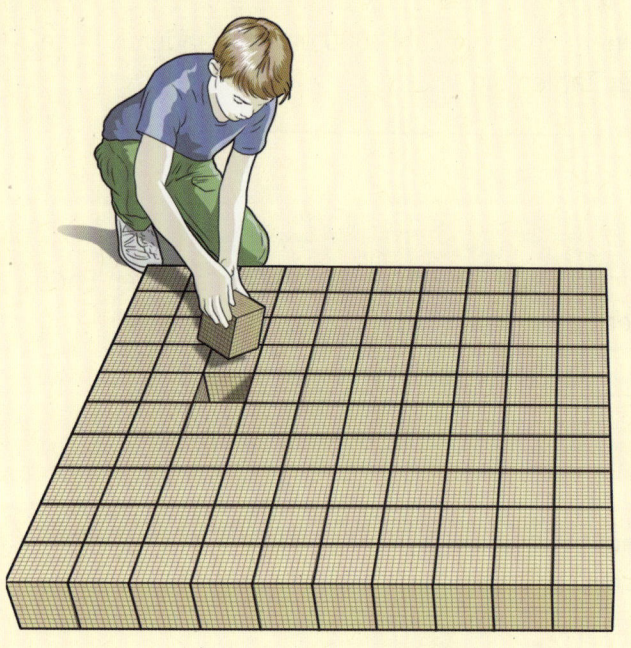

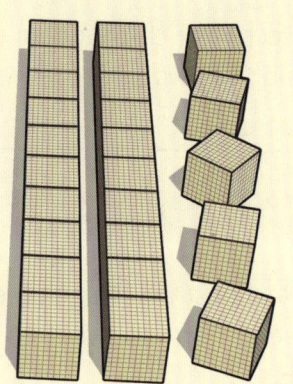

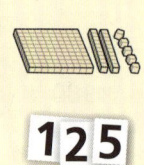

125

125 000

Hunderttausender-Platte
Zehntausender-Stange
Tausenderwürfel

Hunderterplatte
Zehnerstange
Einerwürfel

1 Vergleiche die Darstellung der Zahlen 125 und 125 000 mit Platten, Stangen und Würfeln. Beschreibe Gemeinsamkeiten und Unterschiede.

2 Frage Erwachsene, wie sie sich Zahlen vorstellen.

  a Frage Erwachsene, wie sie sich die Zahl 1 000 000 vorstellen. Schreibe ihre Antworten auf.

  b Frage Erwachsene, wie sie sich die Zahl 206 000 vorstellen. Schreibe ihre Antworten auf.

Zahlen lesen und schreiben

156327

156 Tausend 327

Damit grosse Zahlen gut lesbar sind, wird bei gedruckten Zahlen ab 10 000 eine kleine Lücke nach den Tausendern gesetzt.

156 327

Beim Aufschreiben von grossen Zahlen von Hand ist es für das Lesen hilfreich, wenn du ein Tausender-Trennzeichen verwendest.

156'327

3 Lies die Zahlen jemandem vor.

a	127 000	b	400 936	c	625'000	d	61'630	e	765432
	300 999		63 009		99'050		575'735		888800
	89 504		156 898		437'018		340'700		1530623

4 Schreibe die Zahlen mit Ziffern.

a	5 Tausend	b	17 Tausend	c	43 Tausend 912
	50 Tausend		170 Tausend		820 Tausend 60
	500 Tausend		1 Million 700 Tausend		529 Tausend 4

Zahlen und Ziffern **1000 Tausender**

5 Rechne aus.

a	5 + 8	b	47 + 9	c	14 − 6	d	38 − 12
	5000 + 8000		47 000 + 9000		14 000 − 6000		38 000 − 12 000

6 Ordne die Tausenderzahlen. Beginne mit der kleinsten Zahl.

a	b	c	d
500 000	250 000	100 000	434 000
9000	810 000	101 000	334 000
60 000	630 000	11 000	443 000
85 000	520 000	111 000	343 000
50 000	360 000	110 000	344 000

7 Zähle in Schritten.

a In 1000er-Schritten: 35 000, 36 000, …, 45 000

b In 1000er-Schritten: 494 000, 495 000, …, 505 000

c In 10 000er-Schritten: 760 000, 770 000, …, 850 000

d In 10 000er-Schritten: 124 000, 134 000, …, 214 000

8 a Ergänze auf 1000.

450	990	840	130
968	205	87	582

350

3 5 0 + 6 5 0 = 1 0 0 0

b Ergänze auf 1 000 000.

450 000	990 000	840 000
130 000	968 000	
205 000	87 000	582 000

350 000

3 5 0'0 0 0 + 6 5 0'0 0 0 = 1'0 0 0'0 0 0

9 Schreibe die Zahlen mit Ziffern.

a zwei-tausend-vier-hundert-sieben-und-zwanzig
b ein-und-zwanzig-tausend-fünf-hundert-acht
c drei-hundert-fünf-tausend-vier-hundert
d sieben-hundert-fünf-und-dreissig-tausend-zwei-hundert-fünfzig
e neun-tausend-sechs-hundert-zwei

10 Rechne aus.

a 350 + 472
   350 000 + 472 000

b 700 − 109
   700 000 − 109 000

c 4 · 80
   4 · 80 000

d 280 : 7
   280 000 : 7

e 653 + 347
   653 000 + 347 000

f 541 − 65
   541 000 − 65 000

g 6 · 51
   6 · 51 000

h 320 : 40
   320 000 : 40

11 Eine Gruppe hat gemeinsam an einer Lotterie teilgenommen.

a Die Gruppe hat 1000 Franken gewonnen und teilt den Gewinn gleichmässig auf. Wie viel bekommt jede Person …

… bei 2 Personen?   … bei 5 Personen?   … bei 10 Personen?
… bei 4 Personen?   … bei 8 Personen?   … bei 20 Personen?

b Die Gruppe hat 1 000 000 Franken gewonnen und teilt den Gewinn gleichmässig auf. Wie viel bekommt jede Person …

… bei 2 Personen?   … bei 5 Personen?   … bei 10 Personen?
… bei 4 Personen?   … bei 8 Personen?   … bei 20 Personen?

Routine

12 Lies die Zahlen.

a 99 292
   80 285
   12 011

b 306 280
   630 802
   603 082

c 55 004
   205 376
   2 108 470

13 Schreibe die Zahlen mit Ziffern.

a 37 Tausend
   145 Tausend
   999 Tausend

b 300 Tausend 600
   602 Tausend 588
   36 Tausend 663

c 472 Tausend 89
   77 Tausend 7
   1 Million 1 Tausend 1

Zum Weiterdenken: S. 150, Aufgaben 2 bis 4

Raum und Bewegung

Flächen

1 Eine Fläche wurde mit Bodenplatten ausgelegt.
Wie viele Platten wurden benötigt für …

a den Hauseingang?   b die Terrasse?   c den Spielplatz?

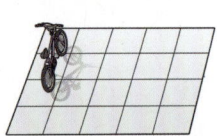

Flächeninhalte kannst du vergleichen, indem du sie mit gleich grossen Quadraten auslegst.

Flächeninhalt
Umfang

2 Flächeninhalte und Umfänge

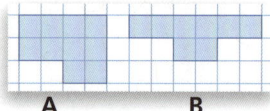

a Welche der Figuren A und B hat den grösseren Flächeninhalt?
b Welche der Figuren A und B hat den grösseren Umfang?
c Zeichne verschiedene Figuren, die den gleichen Flächeninhalt haben wie die Figur A.
d Zeichne verschiedene Figuren, die den gleichen Umfang haben wie die Figur A.
e Zeichne verschiedene Figuren, die einen Flächeninhalt von 12 Häuschen haben.
f Zeichne verschiedene Figuren, die einen Umfang von 12 Häuschenlängen haben.
g Zeichne eine Figur, die einen Flächeninhalt von 16 Häuschen und einen möglichst kleinen Umfang hat.

3 Aus wie vielen Häuschen besteht der Flächeninhalt der Figur?

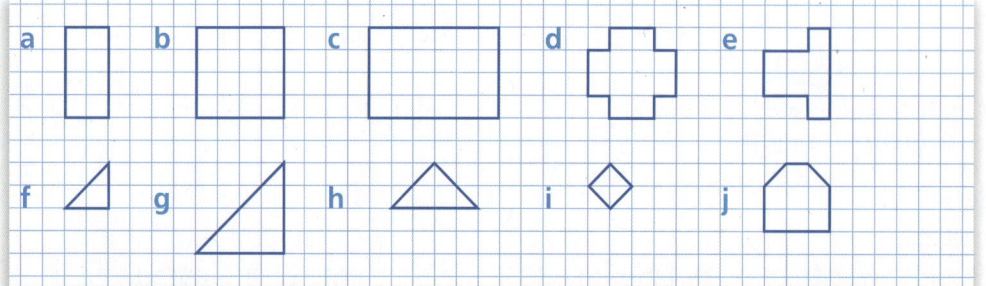

Geometrische Erfahrungen sammeln

Parkettierungen

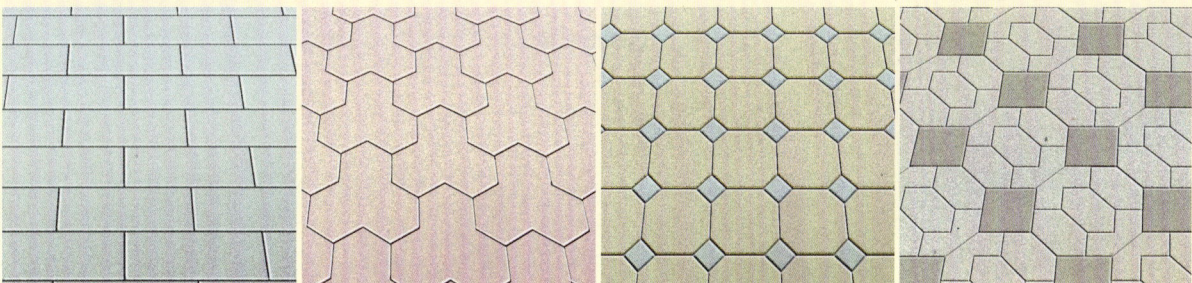

Parkettierungen mit einer oder mehreren Grundfiguren

4 **Parkettiere mit Vierecken.**

Zeichne ein beliebiges Viereck auf festes Papier und schneide es aus. Stelle damit eine Parkettierung her. Fahre mit einem Stift jeweils den Rändern des Vierecks entlang. Male deine Parkettierung mit zwei Farben aus.

 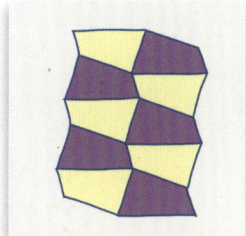 

5 **Parkettiere mit Vielecken.**

Experimentiere auf Häuschenpapier mit verschiedenen Grundfiguren.

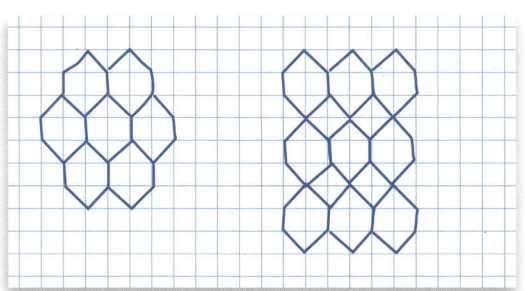 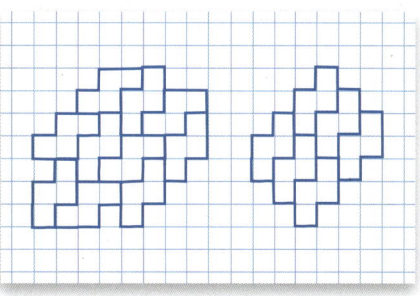

Ich habe ein Sechseck gewählt. Einmal entstand eine Parkettierung aus Sechsecken, einmal eine Parkettierung aus Quadraten und Sechsecken.
Lena

Ich habe mit meiner Form verschiedene Parkettierungen gezeichnet.
Fabio

Geometrie Raum und Bewegung

Mit Holzwürfeln bauen

6 Aus wie vielen Holzwürfeln besteht das Gebäude?

a  b  c  d

7 Welche beiden Gebäude ergeben zusammen einen Quader?

A B C D

8 Aus wie vielen Holzwürfeln besteht …

a  b  c das nächstgrössere Gebäude in Form eines Würfels?

9 Wie viele zusätzliche Holzwürfel braucht es mindestens, bis das Gebäude die Form eines Würfels hat?

a  b  c

10 Wie viele Holzwürfel haben in der Schachtel Platz?

   a 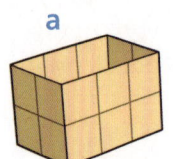 b  c

Mit einer Grundfigur parkettieren

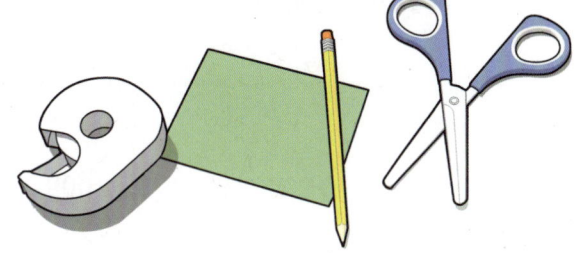

11 Nimm ein Rechteck aus festem Papier.

Schneide von einer Ecke ausgehend ein Stück heraus.

Klebe das herausgeschnittene Stück mit Klebeband an die entsprechende Stelle auf der gegenüberliegenden Seite.

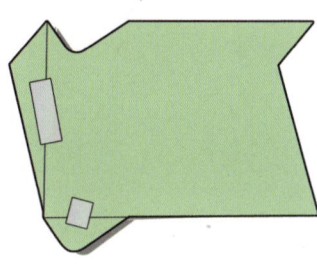

Fahre damit so lange fort, bis du eine Figur erhältst, die dir gefällt. Dies ist die Grundfigur deiner Parkettierung.

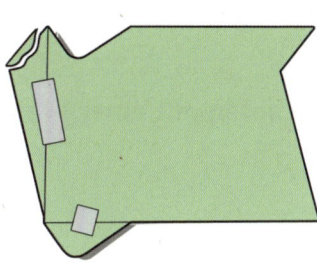
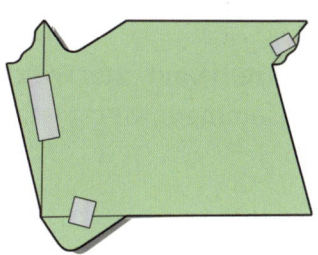

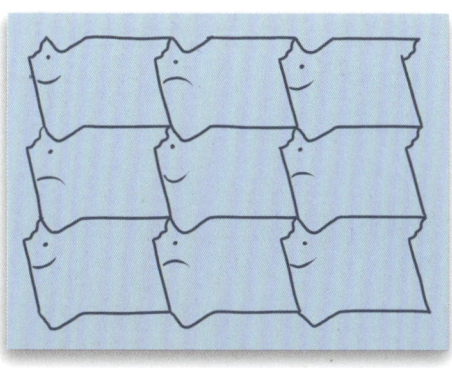

Zeichne auf ein grosses Blatt Papier eine Parkettierung mit deiner Grundfigur: Fahre mit einem Stift den Rändern der Grundfigur entlang.

Zum Weiterdenken: S. 168, Aufgaben 1 bis 2

Stellenwert

Zehnerpotenzen

10   100   1000   10 000   100 000   1 000 000

Zahlen mit einer Wertziffer

1	2	3	4	5	6	7	8	9
10	20	30	40	50	60	70	80	90
100	200	300	400	500	600	700	800	900
1000	2000	3000	4000	5000	6000	7000	8000	9000
10 000	20 000	30 000	40 000	50 000	60 000	70 000	80 000	90 000
100 000	200 000	300 000	400 000	500 000	600 000	700 000	800 000	900 000

530 759

M	HT	ZT	T	H	Z	E
	5	3	0	7	5	9

Die Zahl 530 759 ist zusammengesetzt aus

500000	**30**000	**7**00	**5**0	**9**
5 HT	3 ZT	7 H	5 Z	9 E

1 Schreibe auf, aus welchen Zahlen mit einer Wertziffer die Zahl zusammengesetzt ist.

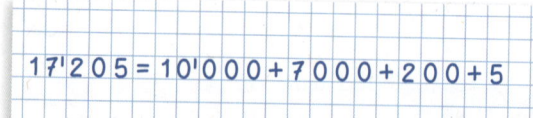

a   32 852

b   640 591

c   452 330

d   808 880

e   Wähle eine eigene Zahl.

Den Wert von Ziffern in Zahlen kennen

2 Setze die Teile zu einer Zahl zusammen. Notiere die Zahl.

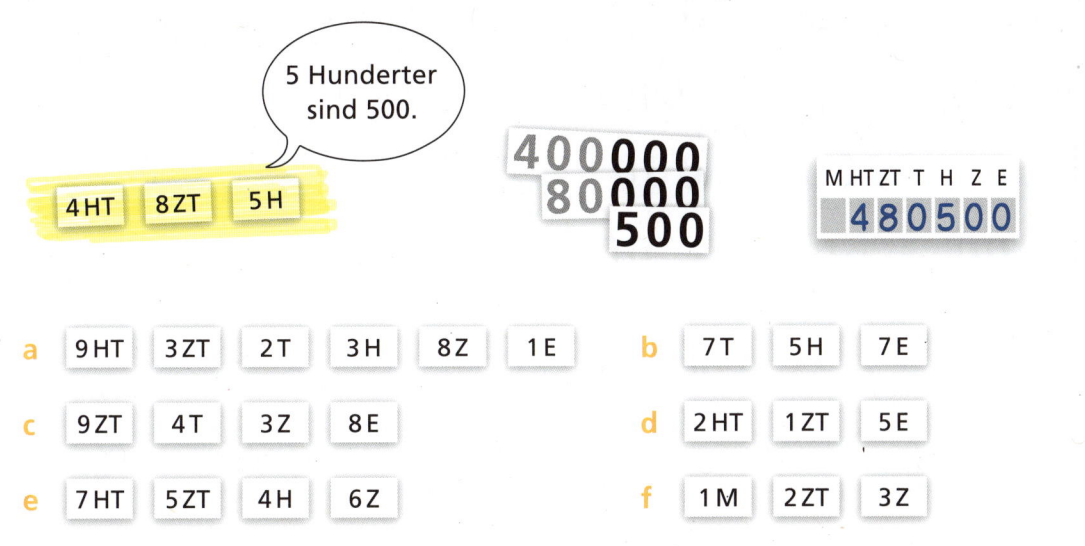

a 9HT 3ZT 2T 3H 8Z 1E
b 7T 5H 7E
c 9ZT 4T 3Z 8E
d 2HT 1ZT 5E
e 7HT 5ZT 4H 6Z
f 1M 2ZT 3Z

Je nachdem, an welcher Stelle eine Ziffer in einer Zahl steht, stellt sie einen anderen Wert dar.

3 Schreibe auf, welchen Wert die rot markierte Ziffer darstellt.

Laurin   Jael

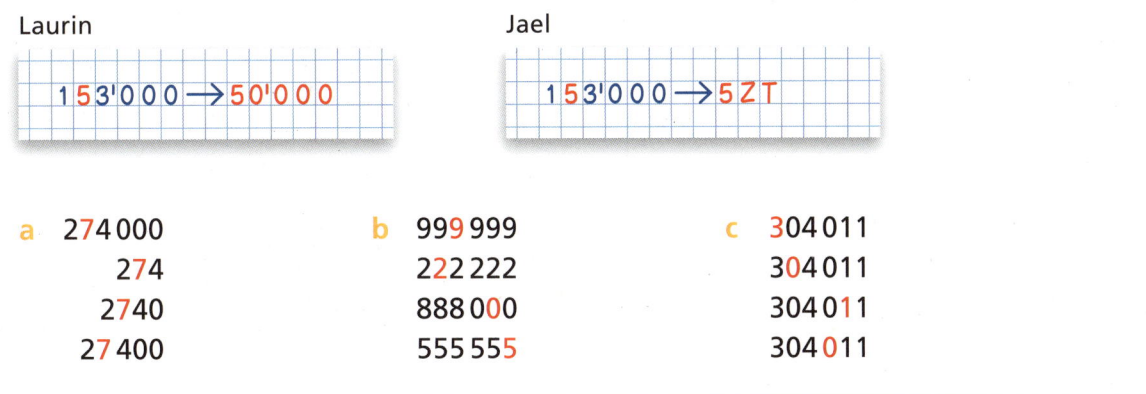

a 274 000   b 999 999   c 304 011
   274   222 222   304 011
   2 740   888 000   304 011
   27 400   555 555   304 011

Im Zehnersystem werden immer 10 gleiche Stücke zu einer neuen Einheit gebündelt. Die Ziffern in einer Zahl stellen die Anzahl Stücke pro Einheit dar.

4 Schreibe die Zahlen mit Ziffern.

a 10 Tausender   b 35 Tausender   c 14 Zehntausender
d 24 Hunderter   e 100 Hunderter   f 20 Hunderttausender

Zahlen und Ziffern **Stellenwert**

5 Setze die Stellenwertkarten zu einer Zahl zusammen. Notiere die Zahl.

a 40000 7000 30

b 4 800 60000 5000

c 700 200000 9000 10000

d 2000 3 600 800000 90

6 Zu welchen Zahlen von A bis H passt die folgende Aussage?

a Die Zahl hat 7 Hunderter.

b Die Zahl hat 7 Tausender und 4 Einer.

c Die Zahl hat 7 Zehntausender.

d Die Zahl hat keine Zehner und keine Tausender.

e Die Zahl hat vier gleiche Ziffern.

f Die Zahl hat keine Einer.

g Die Zahl hat mehr als 5 Hunderttausender und mehr als 5 Einer.

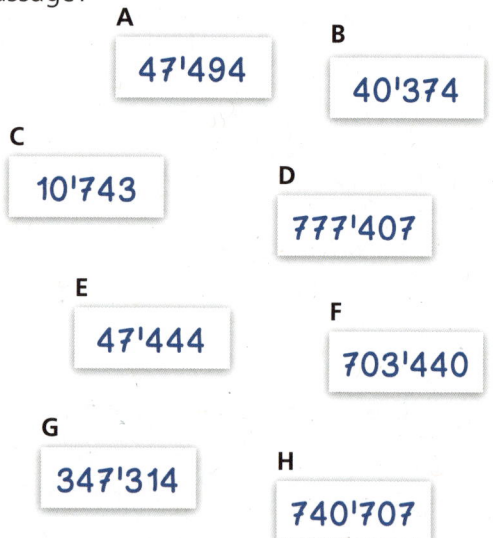

A 47'494
B 40'374
C 10'743
D 777'407
E 47'444
F 703'440
G 347'314
H 740'707

7 Welche Darstellung auf der Stellenwerttafel entspricht der mit Wörtern notierten Zahl?

A HTZT T H Z E 302084

B HTZT T H Z E 302840

C HTZT T H Z E 320048

D HTZT T H Z E 302048

E HTZT T H Z E 032480

a drei-hundert-zwei-tausend-acht-und-vierzig

b drei-hundert-zwanzig-tausend-acht-und-vierzig

c zwei-und-dreissig-tausend-vier-hundert-achtzig

d drei-hundert-zwei-tausend-acht-hundert-vierzig

8 Setze die Teile zu einer Zahl zusammen. Notiere die Zahl.

a 3H 4Z 5ZT 6E 7T   b 1T 2HT 3Z 4H

c 5HT 6E 7ZT 8Z   d 3H 6ZT 9E

e 3HT 3ZT 4T 4Z   f 7T 2Z 9M

9 Löse die Zahlenrätsel.

a *Gesucht sind zwei sechsstellige Zahlen. Sie haben doppelt so viele Hunderttausender wie Zehntausender und doppelt so viele Zehntausender wie Hunderter. Sie haben 8 Zehner. Die Ziffer 0 kommt zweimal vor.*

b *Welches ist die kleinste sechsstellige Zahl mit lauter unterschiedlichen Ziffern?*

c Erfinde ein eigenes Rätsel. Notiere auch die Lösung dazu.

10 Rechne aus.

a 8 Einer + 6 Hunderttausender + 9 Tausender + 4 Zehntausender + 4 Hunderter

b 9 Tausender + 6 Hunderttausender + 3 Zehner + 7 Hunderter

c 30 Tausender + 30 Einer

d 40 Einer + 40 Tausender + 4 Hunderttausender

e 12 Tausender + 10 Hunderter

f 4 Hunderttausender + 12 Zehntausender + 15 Tausender + 14 Hunderter + 13 Zehner

g 7 Hunderttausender + 22 Zehntausender + 54 Zehner + 29 Einer

h 2 Millionen + 1010 Tausender

11 Wie viele verschiedene Zahlen kannst du mit diesen fünf Stellenwertkarten bilden?

80000   60   7   Beispiele: 209000
200000   9000   89060

Zum Weiterdenken: S. 151, Aufgabe 5

Ziffern und Zahlen

Zahlen bilden

1 Bilde Zahlen mit den Ziffern 0, 2, 4, 5, 7 und 8.

a Schreibe fünf sechsstellige Zahlen auf.
Beachte: 072 854 ist auch eine Möglichkeit.
072 854 ist aber eine fünfstellige Zahl.
In der Aufgabe werden sechsstellige Zahlen gesucht.

b Ordne deine fünf Zahlen der Grösse nach.
Beginne mit der kleinsten Zahl.

2 Wie viele Zahlen kannst du bilden?

a Wie viele fünfstellige Zahlen kannst du mit den Ziffern 3, 3, 5, 5 und 5 bilden?
Schreibe die gefundenen Möglichkeiten auf.

b Wie viele vierstellige Zahlen kannst du mit den Ziffern 0, 2, 3 und 9 bilden?
Schreibe die gefundenen Möglichkeiten auf.

3 Bilde sechsstellige Zahlen mit verschiedenen Ziffern.
Jede Ziffer darf nur einmal vorkommen.

a Bilde drei Zahlen, die nahe bei 700 000 liegen.

b Bilde drei Zahlen, die nahe bei 255 000 liegen.

c Bilde die grösstmögliche und die kleinstmögliche sechsstellige Zahl.

Mit Ziffern Zahlen bilden, Ziffern in Zahlen verändern

Zahlen verändern

A	B	C	D	E	F
+1	+10	+100	+1000	+10 000	+100 000

G	H	I	J	K	L
−1	−10	−100	−1000	−10 000	−100 000

4 Bilde mit der gegebenen Zahl und jedem der zwölf Rechenschritte A bis L eine Rechnung. Rechne alle zwölf Rechnungen aus.

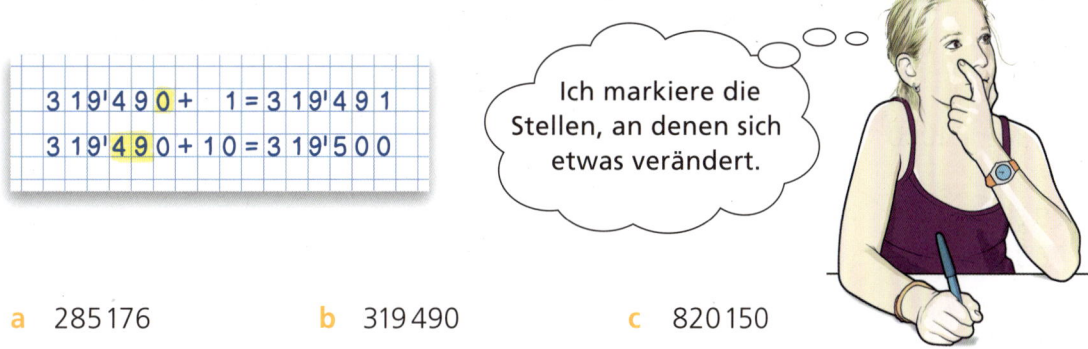

319'490 + 1 = 319'491
319'490 + 10 = 319'500

Ich markiere die Stellen, an denen sich etwas verändert.

a 285 176   **b** 319 490   **c** 820 150

5 Wähle Zahlen. Bilde Rechnungen mit den gewählten Zahlen und den Rechenschritten A bis L.

Du darfst auch Rechnungen mit mehreren Rechenschritten bilden.
Rechne die Rechnungen aus.

Ich denke mir besonders knifflige Rechnungen aus.

612'500 − 10'000 = 602'500
18'340 + 1000 = 19'340

99'000 + 1
59'990 + 10
10'000 − 1
100'000 − 10

Ich probiere, Kettenrechnungen auszurechnen.

50'000 + 1 + 10 + 100 + 1000 + 10'000

6 Zähle in Schritten.

a In 100er-Schritten von 38 600 bis 39 100

b In 100er-Schritten von 438 564 bis 439 264

c In 10er-Schritten von 55 931 bis 56 011

d In 1er-Schritten von 47 985 bis 48 002

e In 1000er-Schritten von 128 579 bis 132 579

f In 10 000er-Schritten von 378 604 bis 438 604

7 Rechne aus.

a 39 349 + 1
39 349 + 1000

b 290 590 + 10
290 590 + 10 000

c 250 199 + 1
199 250 + 1000

d 129 999 + 10
129 999 + 100

e 70 380 − 1
70 380 − 1000

f 800 700 − 10
800 700 − 10 000

g 700 400 − 1
400 700 − 1000

h 170 000 − 100
170 000 − 1000

8 Rechne aus.

a 202 440 + 2
202 440 + 20
202 440 + 200
202 440 + 2000
202 440 + 20 000

b 160 427 + 3
160 427 + 30
160 427 + 300
160 427 + 3000
160 427 + 30 000

c 75 800 − 50 000
75 800 − 5000
75 800 − 500
75 800 − 50
75 800 − 5

d 820 620 − 2
820 620 − 20
820 620 − 200
820 620 − 2000
820 620 − 20 000

9 Mit welchem Rechenschritt gelangst du von der ersten Zahl zur zweiten Zahl? Schreibe die Antwort als Gleichung.

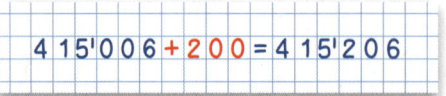

4 15'006 + 200 = 4 15'206

a von …
… 516 007 zu 516 307
… 868 444 zu 888 444
… 194 490 zu 194 500
… 283 500 zu 284 000

b von …
… 345 271 zu 345 201
… 964 543 zu 924 543
… 190 500 zu 189 500
… 516 007 zu 515 707

c von …
… 200 015 zu 199 015
… 729 998 zu 730 008
… 599 530 zu 600 030
… 430 000 zu 429 970

10 Alex hat die Zahlenkombination seines vierstelligen Zahlenschlosses vergessen.

Er weiss noch, dass sie aus den Ziffern 1, 4, 6 und 9 besteht.
Er versucht, sich an die richtige Zahl zu erinnern:
- Die 4 ist sicher nicht die Einerziffer.
- Die Tausenderziffer ist die 6 oder die 9.
- Die 1 ist sicher nicht die Zehnerziffer.

Welche Zahlen soll Alex ausprobieren?

11 Die Zahl 403 253 ist mit Punkten auf einer Stellenwerttabelle dargestellt.
Eine 0 in der Zahl bedeutet, dass an der entsprechenden Stelle keine Punkte liegen.

HT	ZT	T	H	Z	E
••• •		•••	••	••• ••	•••

a Welche Zahlen entstehen, wenn du an einer Stelle einen Punkt dazulegst?
  Schreibe alle Möglichkeiten auf.

b Welche Zahlen entstehen, wenn du an einer Stelle einen Punkt wegnimmst?
  Schreibe alle Möglichkeiten auf.

c Welche Zahlen entstehen, wenn du einen Punkt von den Tausendern
  an eine andere Stelle verschiebst? Schreibe alle Möglichkeiten auf.

12 Die Zahl 5306 ist mit Punkten auf einer Stellenwerttabelle dargestellt.
Eine 0 in der Zahl bedeutet, dass an der entsprechenden Stelle keine Punkte liegen.

HT	ZT	T	H	Z	E
		•••• •	•••		••• •••

a Stelle die Zahl 34 507 mit Punkten auf einer Stellenwerttabelle dar.
  Verschiebe so lange Punkte, bis die Zahl 34 426 dargestellt ist.
  Wie viele Punkte musst du mindestens verschieben?

b Wie viele Punkte musst du mindestens verschieben, um von der Zahl
  176 608 zur Zahl 255 718 zu gelangen?

c Wie viele verschiedene vierstellige Zahlen kannst du mit vier Punkten legen?
  Schreibe die Zahlen auf.

Zum Weiterdenken: S. 151, Aufgabe 6

Zahlenstrahl

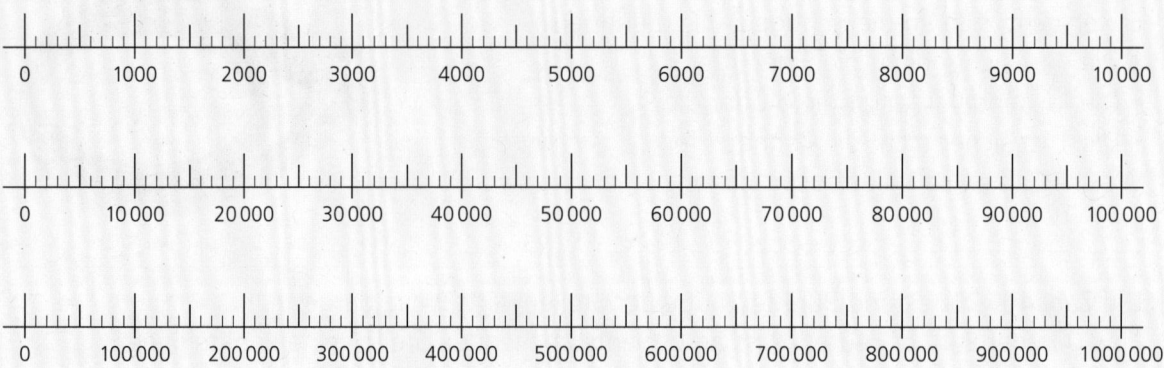

Ein Zahlenstrahl, auf dem alle Zahlen von 0 bis 1 000 000 mit 1-mm-Abständen markiert sind, wäre 1000 m lang.
Auf Zahlenstrahl-Abschnitten werden deshalb häufig nur runde Zahlen markiert und nur einige Markierungen beschriftet.

1 Untersuche die Zahlenstrahl-Abschnitte.

Welche Zahl ist mit dem Pfeil markiert?

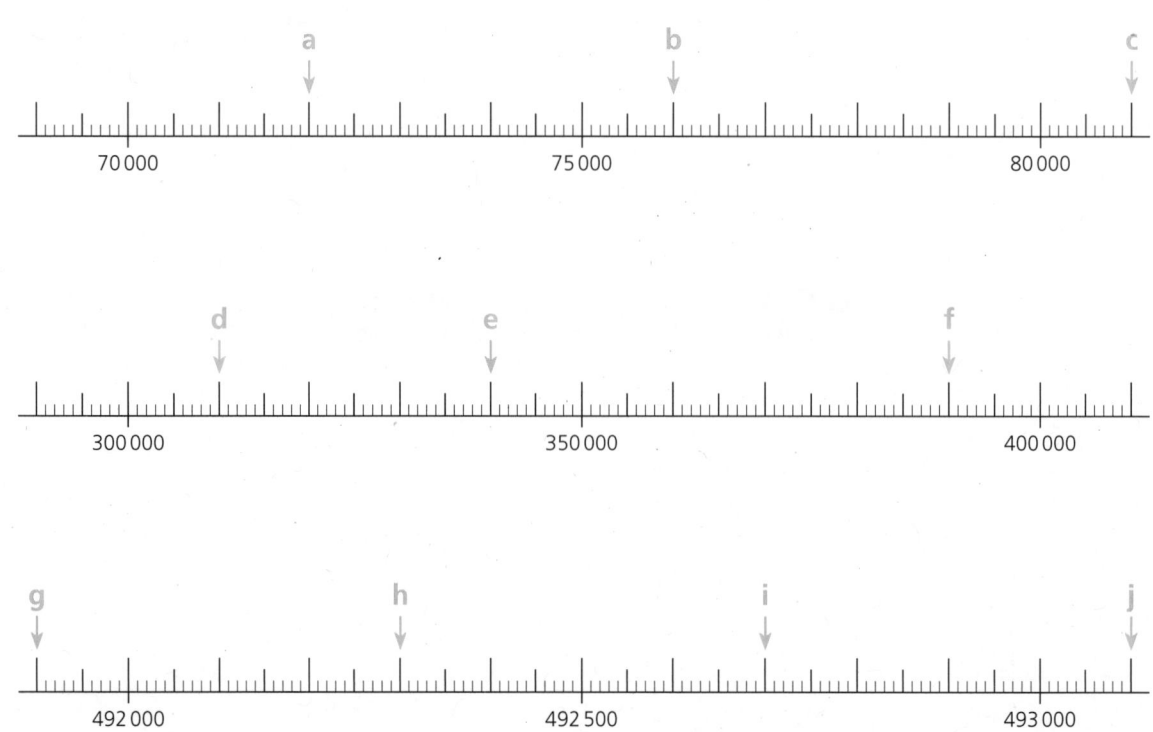

2 Nimm den Zahlenstrahl-Abschnitt unter die Lupe.

a Zähle in 1000er-Schritten von 360 000 bis 370 000. Schreibe die Zahlen auf.

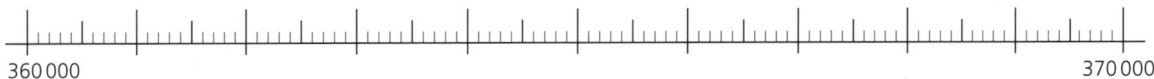
360 000 — 370 000

b Zähle in 100er-Schritten von 71 000 bis 72 000. Schreibe die Zahlen auf.

71 000 — 72 000

c Zähle in 10er-Schritten von 492 800 bis 492 900. Schreibe die Zahlen auf.

492 800 — 492 900

3 Zeichne den Zahlenstrahl-Abschnitt.

a Übertrage den Zahlenstrahl-Abschnitt auf Häuschenpapier.
Ergänze die Zehntausender-Markierungen.
Beschrifte die Markierungen der Zahlen 350 000 und 450 000.

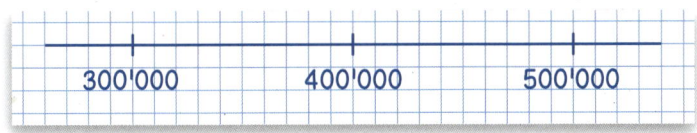

b Übertrage den Zahlenstrahl-Abschnitt auf Häuschenpapier.
Wo liegen die Zahlen 42 580 und 42 630?
Markiere die beiden Stellen und beschrifte sie.

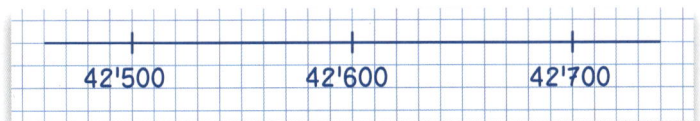

Zahlen und Ziffern **Zahlenstrahl**

4 Welche Zahlen sind mit Pfeilen markiert?

a 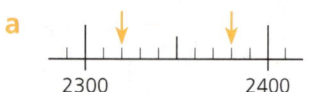 b 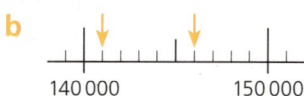 c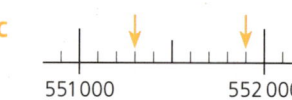

5 Liegt die Zahl auf einem der abgebildeten Zahlenstrahl-Abschnitte A bis D? Gib an, auf welchem.

a 61 300   b 60 006   c 6000
d 62 183   e 60 150   f 62 015

A

B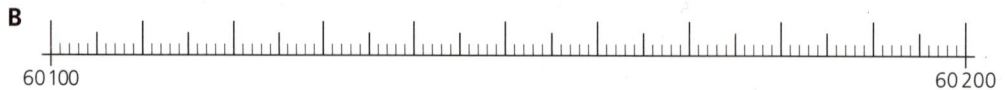

C

D

6 Zähle in Schritten. Schreibe die Zahlen auf.

a In 50 000er-Schritten von 300 000 bis 600 000

b In 250er-Schritten von 432 000 bis 434 000

c In 25 000er-Schritten von 800 000 bis 1 000 000

d In 2500er-Schritten von 650 000 bis 670 000

7 Stell dir die beiden Zahlen auf einem Zahlenstrahl-Abschnitt vor. Welche Zahl liegt in der Mitte zwischen …

a 3000 und 4000?   b 300 000 und 400 000?
c 330 000 und 340 000?   d 247 300 und 247 400?
e 400 000 und 800 000?   f 666 400 und 666 800?
g 550 000 und 580 000?   h 460 000 und 860 000?

8 Stell dir die Zahlen auf einem Zahlenstrahl-Abschnitt vor. Welche der drei Zahlen liegt am nächsten …

a bei 19 000?

| 18 000 | 19 050 | 18 300 |

b bei 84 632?

| 50 000 | 90 000 | 70 000 |

c bei 200 000?

| 190 000 | 250 000 | 140 000 |

d bei 350 000?

| 350 050 | 350 500 | 350 005 |

e bei 75 000?

| 1000 | 100 000 | 15 000 |

f bei 62 500?

| 60 751 | 55 431 | 68 912 |

g bei 25 000?

| 25 980 | 24 914 | 26 431 |

h bei 490 500?

| 331 398 | 514 253 | 431 324 |

9 Zeichne einen Zahlenstrahl-Abschnitt, auf dem du die gegebenen Zahlen genau einzeichnen kannst.

Markiere und beschrifte die Enden des Abschnitts. Trage die drei Zahlen ein.

a 394 000, 391 000 und 406 000

b 640 000, 460 000 und 550 000

c 839 940, 840 020 und 839 790

Routine

10 Zähle in Schritten. Schreibe die Zahlen auf.

a In 1er-Schritten von 7940 bis 7950

b In 1er-Schritten von 889 990 bis 890 000

c In 1000er-Schritten von 720 000 bis 730 000

d In 100er-Schritten von 159 500 bis 160 500

e In 1000er-Schritten rückwärts von 460 000 bis 450 000

f In 100er-Schritten rückwärts von 70 500 bis 69 500

Zum Weiterdenken: S. 152, Aufgabe 7

Zahlen ordnen

Ordnen

Auf dem Rechenstrich werden Zahlen in der richtigen Reihenfolge angeordnet.
Im Gegensatz zum Zahlenstrahl werden auf dem Rechenstrich nur die Zahlen markiert, mit denen gearbeitet wird. Die genauen Abstände sind nicht wichtig.

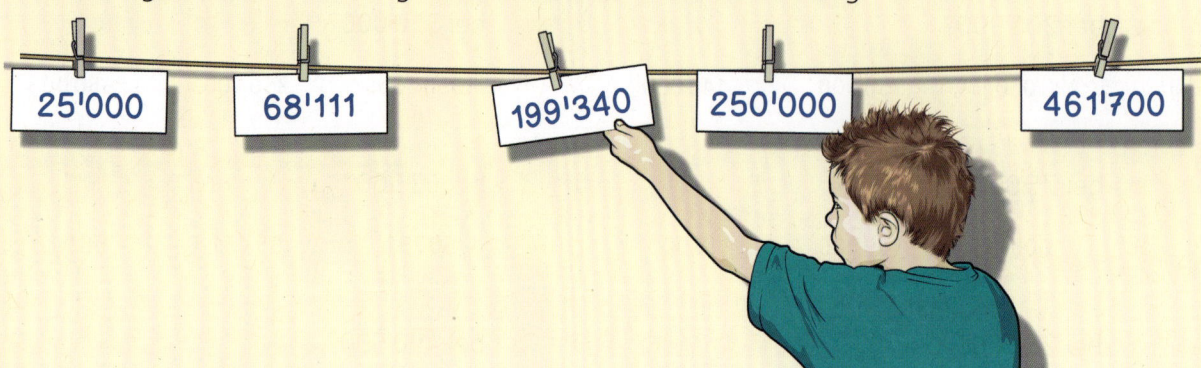

1 Zeichne einen Rechenstrich und ordne die Zahlen auf dem Rechenstrich.

a 296'830 | 1'000'000 | 914'125 | 507'284 | 301'745

b 450'083 | 405'880 | 450'800 | 405'008 | 504'080

c 98'820 | 928'000 | 98'082 | 982'000 | 9820

d 46'712 | 64'271 | 46'271 | 47'612 | 46'721

e 202'630 | 220'630 | 230'306 | 220'360 | 203'360

2 Bilde mit den Ziffern fünfstellige Zahlen.

a Bilde mit den Ziffern 1, 2, 4, 4 und 8 fünf fünfstellige Zahlen.
Ordne die Zahlen der Grösse nach.

b Bilde mit den Ziffern 6, 6, 6, 9 und 9 fünf fünfstellige Zahlen.
Ordne die Zahlen der Grösse nach.

Zahlen-Nachbarn

Nachbar-Hunderttausender

Nachbar-Tausender

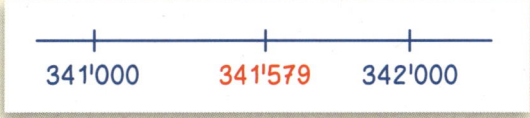

Nachbar-Einer (Nachbarzahlen)

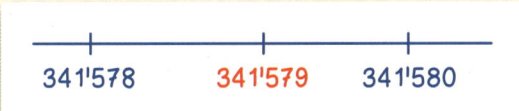

Nachbar-Tausender einer Tausenderzahl

3 Zeichne einen Rechenstrich.
Markiere die gegebene Zahl in der Mitte des Rechenstrichs.

Trage die Nachbar-Tausender, die Nachbar-Zehntausender und die Nachbar-Hunderttausender ein.

- a 814 520
- b 270 000
- c 439 734
- d 93 500

4 Schreibe einen Zahlenpass …

- a für die Zahl 563 847.
- b für eine selbst gewählte Zahl zwischen 100 000 und 1 000 000.

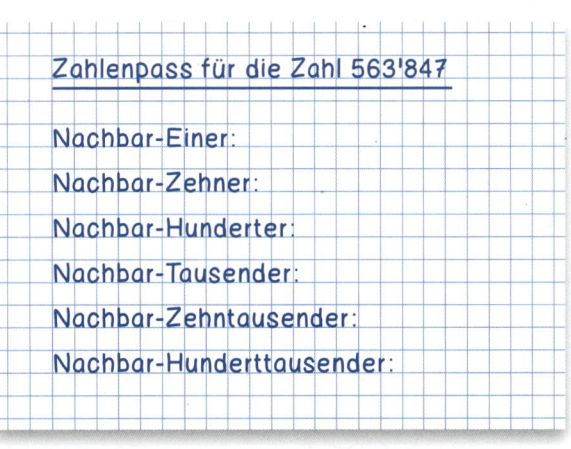

Zahlen und Ziffern **Zahlen ordnen**

5 Welche Zahl ist grösser? Schreibe die grössere Zahl auf.

a 5214 oder 5412 b 89 177 oder 89 718 c 172 480 oder 172 080
3305 oder 3350   14 066 oder 14 006   605 055 oder 650 550
2785 oder 2875   11 221 oder 12 112   773 200 oder 733 900

6 Ordne die Zahlen der Grösse nach. Beginne mit der kleinsten Zahl.

a 4404   4044   4004   404   4440   440

b 44 404   40 404   40 044   44 044   40 444   44 400

c 440 404   404 400   444 004   440 440   404 044   444 044

7 Welche Zahlen liegen nicht …

a zwischen 800 000 und 900 000?

| 820 000 | 899 000 | 798 000 | 981 000 |
| 855 000 | 888 000 | 808 000 | 288 000 |

b zwischen 66 000 und 68 000?

| 67 000 | 66 980 | 65 700 | 66 573 |
| 86 000 | 67 766 | 66 800 | 68 001 |

c zwischen 240 202 und 242 404?

| 224 240 | 242 204 | 240 440 | 244 220 |
| 240 042 | 241 444 | 240 224 | 242 402 |

30

8 Ergänze auf die nächste Tausenderzahl.

	a		b
	200		3100
	270		310
	3700		7310
	4007		7901

1600

1600 + 400 = 2000

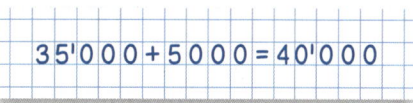

9 Ergänze auf die nächste Zehntausender-Zahl.

	a		b
	6000		46 000
	54 000		89 600
	44 300		64 800
	23 400		79 890

35 000

35'000 + 5000 = 40'000

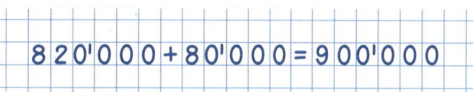

10 Ergänze auf die nächste Hunderttausender-Zahl.

	a		b
	75 000		330 000
	389 992		333 000
	799 200		492 600
	914 000		759 999

820 000

820'000 + 80'000 = 900'000

11 Stimmt das? Begründe deine Antwort.

a 409 005 liegt zwischen 409 500 und 405 900.

b 408 804 ist kleiner als 480 408.

c Es gibt Zahlen, bei denen ein Nachbar-Zehner gleich gross ist wie ein Nachbar-Zehntausender.

Routine

12 Rechne aus.

a		b		c	
1000 –	1	100 000 –	1	8000 –	1
1000 –	100	100 000 –	1000	8000 –	100
1000 –	10	100 000 –	10	50 000 –	1000
10 000 –	100	1 000 000 –	100	50 000 –	10
10 000 –	10	1 000 000 –	10 000	200 000 –	10 000
10 000 –	1000	1 000 000 –	1000	200 000 –	100

Zum Weiterdenken: S. 152, Aufgabe 8

Zahlen untersuchen

Eigenschaften von Zahlen

A	3456	B	987 654	C	500 001	D	123 321
E	222 020	F	202 200	G	3602	H	36 020
I	200 002	J	10 005	K	486 975	L	201 753
M	444 404	N	404 440	O	450 351	P	45 450
Q	5508	R	825	S	53	T	5008

1 Sortiere die Zahlen auf den Zahlenkarten A bis T nach Eigenschaften und schreibe sie auf. Welche Zahlen sind …

a fünfstellige Zahlen?
b Zahlen zwischen 222 222 und 444 444?
c Zahlen mit der Hunderterziffer 0?
d Zahlen mit einer Tausenderziffer, die grösser ist als die Einerziffer?
e Zahlen, die aus den Ziffern 4, 5, 6, 7, 8 und 9 gebildet werden?

Die Quersumme einer Zahl ist die Summe ihrer Ziffern.
Quersumme von 347 201: 3 + 4 + 7 + 2 + 0 + 1 = 17

---

2 Welche Zahlen auf den Zahlenkarten A bis T haben …

a die Quersumme 8?   b die Quersumme 18?   c eine Quersumme, die grösser als 20 ist?

3 Welche Zahlen auf den Zahlenkarten A bis T sind …

a durch 10 teilbar?   b durch 2 teilbar?   c durch 5 teilbar?

Zahlenpaare und Zahlenfolgen

Zahlenpaare passen zueinander, wenn die Zahlen in jedem Paar die gleiche Beziehung zueinander haben.

| 450'000 | 460'000 | | 71'400 | 81'400 | | 390'000 | 400'000 |

Die Zahlen in jedem Paar haben den Unterschied 10 000.

4 Schreibe auf, weshalb die Zahlenpaare zueinanderpassen.
Finde zwei weitere Zahlenpaare, die zu diesen Zahlenpaaren passen.

a) 20'000 30'000   38'000 12'000   100 49'900

b) 47'000 48'000   825'030 826'030   799'001 800'001

c) 610'503 305'016   44'892 29'844   835'072 270'538

5 Zähle für jede Figur die Anzahl der farbigen Häuschen.

Schreibe die Anzahl Häuschen der Figuren als Zahlenfolge auf.
Beschreibe die Regel, nach der die Zahlenfolge gebildet wird.
Ergänze die nächsten vier Zahlen der Zahlenfolge.

a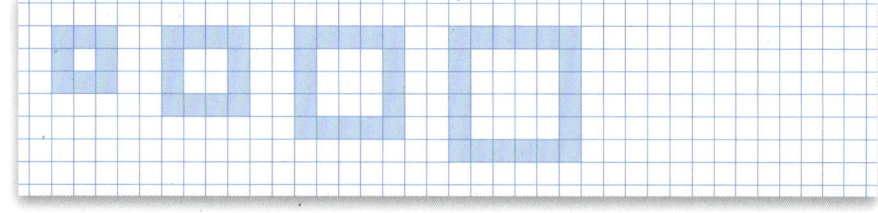

b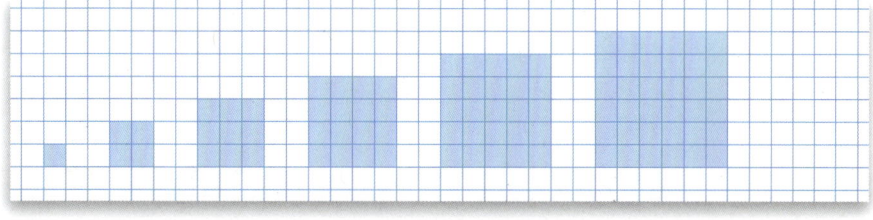

Zahlen und Ziffern **Zahlen untersuchen**

6 Schreibe mindestens fünf Zahlen auf.

a Zahlen mit der Zehntausender-Ziffer 7

b Zahlen mit drei Nullen

c Zweistellige Zahlen

d Durch 10 teilbare Zahlen, die grösser als 1000 sind

e Zahlen mit der Quersumme 15

f Ungerade Zahlen zwischen 280 800 und 282 000

7 Schreibe mindestens fünf Zahlenpaare auf.

a Zahlenpaare mit der Summe 10 000

b Zahlenpaare, bei denen eine Zahl zehnmal so gross ist wie die andere

c Zahlenpaare mit vertauschten Zehner- und Tausenderziffern

8 Verdopple. Setze die Zahlenfolge um mindestens zwei Zahlen fort.

a 200, 400, …

b 3000, 6000, …

c 4500, 9000, …

d 125 000, 250 000, …

9 Halbiere. Setze die Zahlenfolge um mindestens zwei Zahlen fort.

a 400 000, 200 000, …

b 88 000, 44 000, …

c 720 000, 360 000, …

d 112 000, 56 000, …

10 Stimmt die Aussage?
Jede Zahl, die durch 10 teilbar ist, ist auch durch 5 und durch 2 teilbar.

Begründe deine Antwort.

11 Schreibe mindestens fünf Zahlen auf.

    a Zahlen, die 740 000 als Nachbar-Zehntausender haben

    b Zahlen, die 202 000 als Nachbar-Tausender haben

    c Zahlen, die 54 800 als Nachbar-Hunderter haben

12 Löse die Zahlenrätsel.

    a Meine Zahl ist ein Nachbar-Tausender von 776'550. Sie besteht aus nur zwei verschiedenen Ziffern.

    b Meine Zahl ist das Doppelte der Zahl, die 50'000 kleiner ist als 400'000.

    c Bei meiner sechsstelligen Zahl werden die Ziffern von links nach rechts immer um 1 grösser. Sie hat doppelt so viele Zehner wie Hunderttausender.

    d Meine Zahl ist ungerade. Sie besteht aus sechs gleichen Ziffern. Ihre Quersumme ist grösser als 10 und kleiner als 20.

    e Erfinde ein eigenes Zahlenrätsel und löse es.

13 Zeichne zu der Zahlenfolge eine passende Folge von geometrischen Figuren auf Häuschenpapier. Zeichne die nächsten zwei Figuren der Folge.

    a 4, 8, 12, 16, …

    b 1, 3, 6, 10, …

    c 2, 5, 9, 14, …

14 Setze die Zahlenfolge um mindestens zwei Zahlen fort.

    a 3, 5, 9, 15, 23, …

    b 1, 4, 9, 16, 25, …

    c 5, 6, 8, 12, 20, …

    d 1, 2, 3, 5, 8, 13, 21, …

Zum Weiterdenken: S. 153, Aufgaben 9 bis 10

Grössen und Daten **Längen**

Längen

Gegenstände haben verschiedene Ausdehnungen, die du messen kannst:
Länge, Breite, Dicke, Höhe, Tiefe, Umfang.

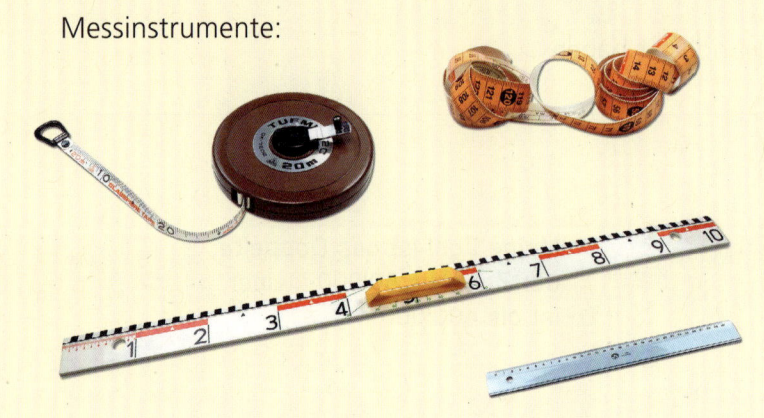

Messinstrumente:

1 m =	10 dm =	100 cm =	1000 mm
	1 dm =	10 cm =	100 mm
		1 cm =	10 mm

1 **Finde Gegenstände und Strecken mit folgender Länge.**

Miss diese mit einem geeigneten Messinstrument.
Liste deine Messungen auf.

a 1 mm bis 1 cm   b 1 cm bis 1 dm

c 1 dm bis 1 m   d 1 m bis 10 m   e 10 m bis 100 m

1 m bis 10 m
– Tischlänge: 1 m 20 cm
–

2 **Nenne je einen Gegenstand mit der folgenden ungefähren Länge.**

a 5 mm   b 5 cm   c 20 cm   d 2 m   e 5 m   f 20 m

Längen im Überblick

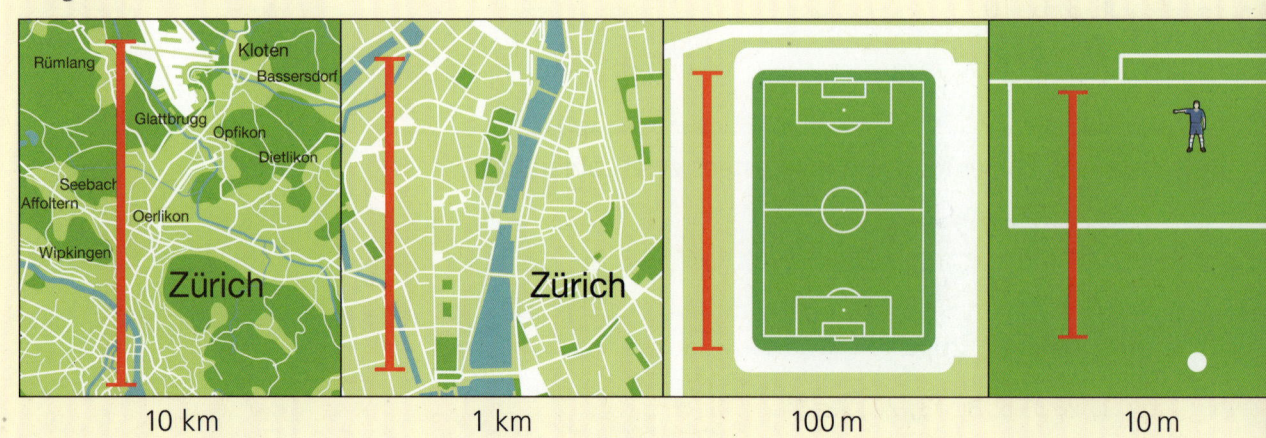

| 10 km | 1 km | 100 m | 10 m |

36

Vorstellungen von Längen entwickeln, Masseinheiten verwenden

3 Wenn du weisst, wie viele Schritte du für 10 m benötigst, kannst du berechnen, wie viele Schritte du für längere Strecken brauchst.

a Miss eine Strecke von 10 m und markiere ihre beiden Enden.
Wie viele Schritte brauchst du für 10 m?
Schreite die Wegstrecke dreimal ab, um dein Resultat zu überprüfen.

b Wie viele Schritte brauchst du für 20 m, 30 m, 40 m, 50 m, 60 m und 100 m?
Erstelle eine Liste und trage die Anzahl deiner Schritte ein.

c Wie viele Schritte brauchst du für 1000 m?

1 Kilometer	= 1000 Meter	
1 km	= 1000 m	= 1 000 000 mm

4 Wenn du weisst, wie viele Schritte du für 10 m benötigst, kannst du Strecken mit deinen Schritten messen.

a Finde durch Messen mit Schritten Wegstrecken, die 20 m, 50 m oder 100 m lang sind.

b Miss weitere Wegstrecken mit Schritten ab, trage sie in eine Tabelle ein und bestimme die ungefähre Länge der Wegstrecken.

von	bis	Anzahl Schritte	Streckenlänge
Schulhaustür	Turnhallentür		
Schulhaustür	Lebensmittelgeschäft		

| 1 m | 1 dm | 1 cm | 1 mm |

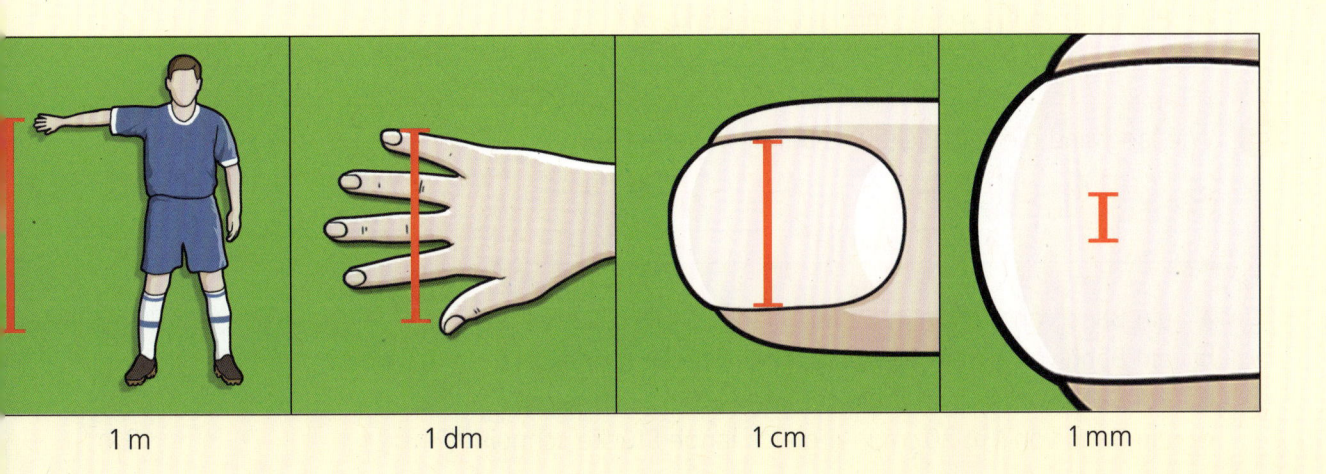

Grössen und Daten **Längen**

5 Wie lang ist das Band, das übrig bleibt, wenn Silvan …

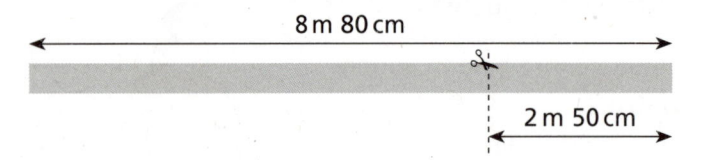

a von einem 8 m 80 cm langen Band 2 m 50 cm abschneidet?
b von einem 10 m langen Band 75 cm abschneidet?
c von einem 1 m 20 cm langen Band 45 cm abschneidet?
d von einem 22 cm langen Band 4 cm 5 mm abschneidet?

6 Wie lang ist das zusammengesetzte Band, wenn Anja zwei Stücke aneinanderklebt, die …

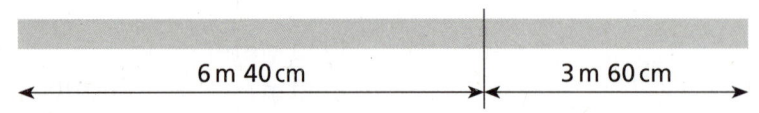

a 6 m 40 cm und 3 m 60 cm messen?
b 10 m 20 cm und 2 m 80 cm messen?
c 2 cm 5 mm und 3 cm 5 mm messen?
d 2 m 5 cm und 3 m 5 cm messen?

7 Wie lang ist das zusammengesetzte Band, wenn Nadine …

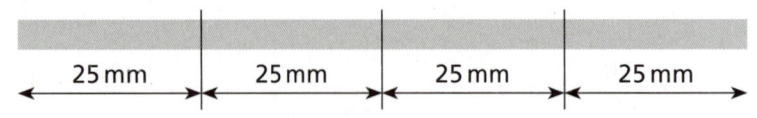

a 4 Stücke von je 25 mm aneinanderklebt?
b 5 Stücke von je 20 cm aneinanderklebt?
c 10 Stücke von je 1 m 60 cm aneinanderklebt?
d 8 Stücke von je 4 cm 5 mm aneinanderklebt?

8 Wie lang sind die Teilstücke des Bandes, wenn David …

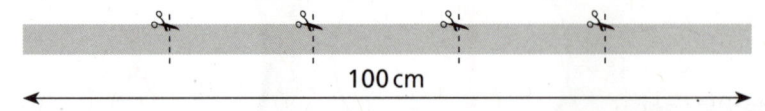

a ein Band von 100 cm in 5 gleich lange Stücke schneidet?
b ein Band von 2 m in 10 gleich lange Stücke schneidet?
c ein Band von 4 cm in 8 gleich lange Stücke schneidet?
d ein Band von 1 m 20 cm in 4 gleich lange Stücke schneidet?

9 Wie viele Teilstücke gibt es, wenn Ria …

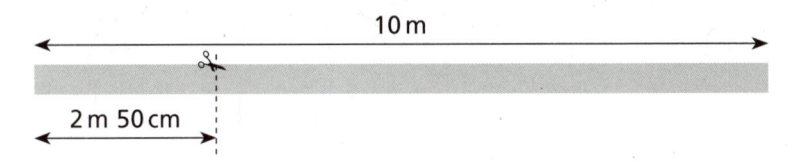

a ein Band von 10 m in gleich lange Stücke von 2 m 50 cm schneidet?
b ein Band von 2 m in gleich lange Stücke von 50 cm schneidet?
c ein Band von 10 cm in gleich lange Stücke von 5 mm schneidet?
d ein Band von 1 m 20 cm in gleich lange Stücke von 6 cm schneidet?

10 Schreibe auf, wie du rechnest. Beantworte die Frage.

a Bei einer Stafette schwimmen 6 Kinder je eine Länge von 25 m.
Wie lang ist die insgesamt zurückgelegte Strecke?

b Bei einem Triathlon muss ein Teilnehmer 1 km 900 m schwimmen, 90 km 100 m
Rad fahren und 21 km 100 m rennen. Wie lang ist die Triathlon-Strecke insgesamt?

c Die Marathon-Strecke beträgt genau 42 km 195 m. Eine Läuferin gibt nach 31 km 90 m
auf. Welche Strecke hätte sie bis zum Ziel noch laufen müssen?

d Ein Radfahrer möchte eine Strecke von 13 km 500 m zurücklegen. Er nimmt sich vor,
diese in 3 gleich lange Teilstrecken aufzuteilen. Wie lang ist eine Teilstrecke?

Routine

11 Merke dir Beispiele zu Standardlängen.
Welche Gegenstände oder Strecken haben ungefähr die folgende Länge?

a 1 mm   b 1 cm   c 1 m

d 10 m   e 10 cm   f 100 m

Zum Weiterdenken: S. 174, Aufgabe 1

Grössen und Daten Zeit

Zeit

Uhrzeit   `09:04`   `21:13:42`

Manchmal ist es wichtig, die Zeit auf die Sekunde genau ablesen zu können.
Manchmal reicht eine ungefähre Zeitangabe.

1 Wie spät ist es?

Schreibe die mögliche Uhrzeit vor und nach dem Mittag in digitaler Schreibweise auf:
Stunden, Minuten und wenn angezeigt Sekunden.

a   b    c

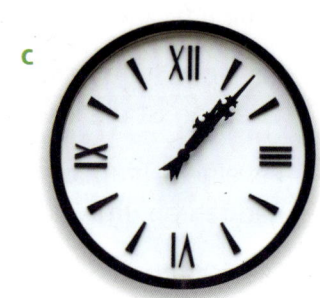

d    e    f

2 Schreibe die Uhrzeiten in digitaler Schreibweise auf.

a
- Es ist Viertel vor zehn. — Elena
- Der Zug fährt am Abend um 22 Minuten nach 6 Uhr. — Fabio
- Wir treffen uns um acht Uhr zehn am Morgen. — Onur
- Es ist 18 Uhr 31 Minuten und 14 Sekunden. — Jael

b Notiere fünf weitere, für dich wichtige Zeitpunkte in Worten und in digitaler Schreibweise.

Zeitdauer

Zeitpunkt	Zeitdauer	Zeitpunkt
08:20	2 h 14 min	10:34
08:20:00	1 min 35 s	08:21:35

1 d = 24 h
1 h = 60 min = 3600 s
1 min = 60 s

3 Berechne die Zeitdauer zwischen den beiden Zeitpunkten.

a	08:20	→	10:25
b	20:34:00	→	20:47:20
c	Montag, 5.6.2015 12:00:00	→	Mittwoch, 7.6.2015 15:00:00

4 Rechne mit Zeiten.

a Julian verlässt sein Haus um 07.45 Uhr. Für seinen Schulweg braucht er 16 min. Wann kommt er beim Schulhaus an?

b Um 08.30 Uhr startet Laurin seine Velotour, um 09.52 Uhr ist er am Ziel. Wie lange dauert seine Fahrt?

c Die Läuferin Irina erreicht das Ziel um 18:33:25. Ihre Laufzeit beträgt 2 min 14 s. Wann ist sie gestartet?

d Wofür brauchst du jeden Tag oder an einem bestimmten Wochentag jeweils etwa gleich viel Zeit? Denke an fünf Tätigkeiten und schreibe jeweils ihre geschätzte Zeitdauer auf.

Grössen und Daten **Zeit**

5 Lies die folgenden Zeitangaben.
Schreibe die beiden möglichen Uhrzeiten in digitaler Schreibweise auf.

a   zehn vor drei
    zwanzig nach eins
    Viertel vor elf
    Viertel nach vier

b   fünf vor halb neun
    zehn nach sieben
    Viertel vor zwei
    sechs nach neun

fünf vor drei

02:55   14:55

6 Lies die folgenden Zeitangaben.
Schreibe die Uhrzeiten in digitaler Schreibweise auf.

a   drei Uhr nachmittags
    fünf nach acht abends
    Mittag
    achtzehn Uhr sechsundvierzig

b   halb sieben Uhr morgens
    sechs Minuten vor Mitternacht
    fünf vor halb sechs abends
    zwei Minuten vor zwanzig Uhr

7 Studiere die Anzeigetafel des Hauptbahnhofs Zürich und beachte, welche Zeit die Bahnhofsuhr anzeigt.

In wie vielen Minuten fährt …

a   der nächste Zug nach Basel?
b   der nächste Zug nach Luzern?
c   der nächste Zug nach Schaffhausen?
d   der übernächste Zug zum Flughafen?
e   der nächste Zug nach St. Gallen, wenn dieser mit 5 Minuten Verspätung abfährt?

Fernverkehr

Abfahrt					Gleis
15.58	IR	Olten	Burgdorf	Bern	18
16.00	IC	Bern	Thun	Visp Brig	15
16.01	IR	Oerlikon	Flughafen ✈		6
16.02	IC	Basel			16
16.04	IR	Thalwil	Zug	Luzern	3
16.04	ICN	Aarau Biel	Neuchâtel	Genève Aéroport	13
16.06	IR	Baden Brugg	Aarau Olten	Bern	17
16.07	IC	Flughafen ✈	Winterthur	Romanshorn	11
16.08	IR	Lenzburg	Aarau	Basel	12
16.09	IR	Zug	Arth-Goldau	Locarno	4
16.09	ICN	Flughafen ✈	Winterthur	St. Gallen	10
16.10	IR	Bülach	Schaffhausen		14

8
a Der Interregio nach Chur fährt in Zürich um 08.12 Uhr ab. Die Fahrt dauert 1 h 31 min. Wann trifft der Zug in Chur ein?

b Herr Caprez will um 19.59 Uhr in Ziegelbrücke eintreffen. Seine Reise dauert 1 h 23 min. Wann muss sein Zug in Thusis abfahren?

c Eine Touristengruppe fährt um 12.10 Uhr in Luzern ab und trifft um 13.13 Uhr am Flughafen Zürich ein. Eine zweite Gruppe fährt um 12.35 Uhr in Luzern ab und trifft um 13.46 Uhr am Flughafen Zürich ein. Welche Gruppe ist länger unterwegs?

9 Ein Wettlauf für Schülerinnen beginnt um 16:45:00.

a Die Siegerin braucht bis zum Ziel 4 min 16 s. Wann trifft sie dort ein?

b Eine Läuferin trifft um 16:51:12 im Ziel ein. Wie lang ist ihre Laufzeit?

c Eine Läuferin trifft um 16:52:04 im Ziel ein. Wie viel länger brauchte sie für die Strecke als die Siegerin?

10
a Am 6. Juli um 7 Uhr rechnet Ria beim Frühstück ihrem Bruder vor, dass sie in 2 Tagen und 4 Stunden in die Ferien fahren. Wann reist Rias Familie ab?

b Silvan ist für den 19. Juli um 14.30 Uhr für ein Tennisturnier angemeldet. Er rechnet am 17. Juli um 17.50 Uhr aus, dass sein Turnier in 40 h 40 min beginnt. Stimmt seine Berechnung?

Routine

11 Notiere die beiden möglichen Uhrzeiten in digitaler Schreibweise.

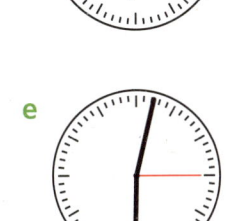

a   b   c   d

e   f   g   h

Zum Weiterdenken: S. 175, Aufgabe 2

Linien

Rechter Winkel – senkrecht

1 **Falte und finde rechte Winkel.**

a Falte ein Blatt Papier zweimal wie unten abgebildet.
Du erhältst einen rechten Winkel.

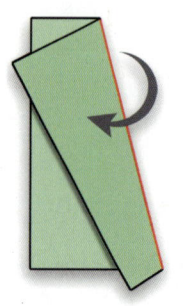

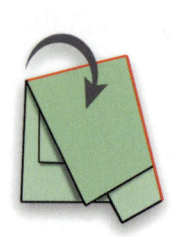

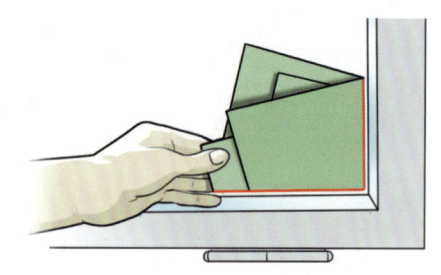

b Suche nach rechten Winkeln.
Notiere oder zeichne auf, wo du sie gefunden hast.

c Öffne dein Blatt Papier und färbe die Faltlinien. Die beiden Faltlinien
schneiden sich in einem rechten Winkel. Sie sind senkrecht zueinander.

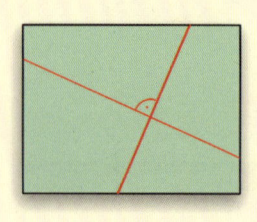

Rechte Winkel werden mit Kreisbogen
und Punkt gekennzeichnet.

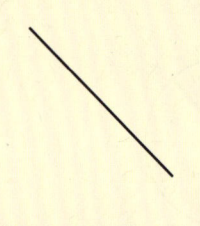

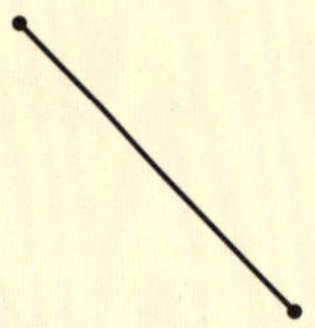

| Eine gerade Linie ohne Begrenzung heisst Gerade. | Eine gerade Linie, die von zwei Punkten begrenzt wird, heisst Strecke. | Zwei Geraden, die sich schneiden. | Zwei Geraden, die parallel zueinander sind, schneiden sich nicht. | Zwei Geraden, die sich im rechten Winkel schneiden, sind senkrecht zueinander. |

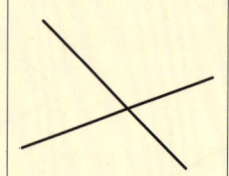

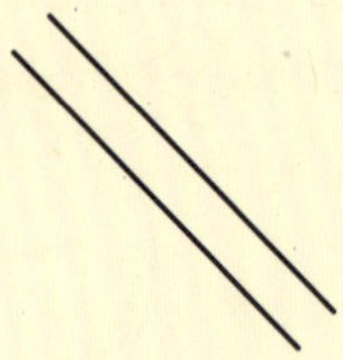

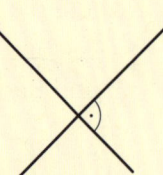

Parallele und senkrechte Geraden

Geraden kannst du mit dem Geodreieck zeichnen.
Parallele Geraden schneiden sich nicht. Die kürzeste Verbindungsstrecke (der Abstand) von einem Punkt auf der einen Geraden zur anderen Geraden ist immer gleich gross.

2 Zeichne eine Gerade auf ein Blatt Papier. Zeichne mit dem Geodreieck zu dieser Geraden mehrere parallele Geraden.

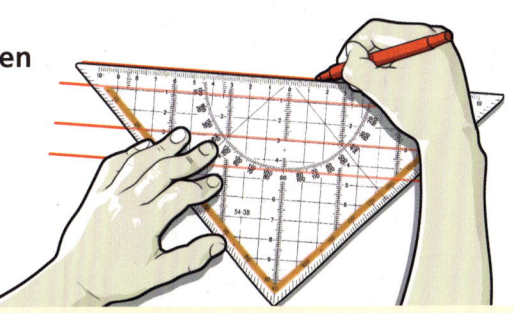

Senkrechte Geraden schneiden sich in einem rechten Winkel.

3 Zeichne eine Gerade auf ein Blatt Papier. Zeichne mit dem Geodreieck zu dieser Geraden mehrere Senkrechten.

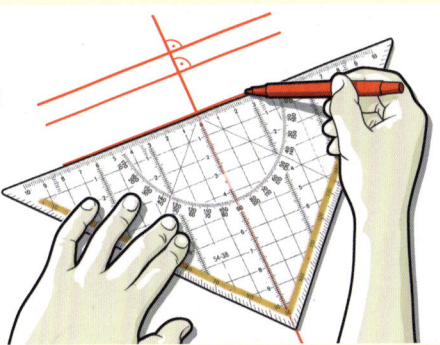

4 **Zeichne Vierecke mit dem Geodreieck.**

a Zeichne mit dem Geodreieck ein Rechteck und ein Quadrat.

b Zeichne mit dem Geodreieck Rechtecke mit den in A bis C vorgegebenen Längen und Breiten.

A	B	C
Länge 6 cm	Länge 4 cm	Länge 5 cm
Breite 3 cm	Breite 5 cm	Breite 2 cm

c Versuche mit dem Geodreieck verschiedene Vierecke …
… mit genau einem rechten Winkel zu zeichnen.
… mit genau zwei, drei oder vier rechten Winkeln zu zeichnen.

Zu welcher Anzahl rechter Winkel hast du Beispiele gefunden und zu welcher Anzahl hast du keine gefunden?

Geometrie **Linien**

5 Welche Geradenpaare stehen senkrecht zueinander?

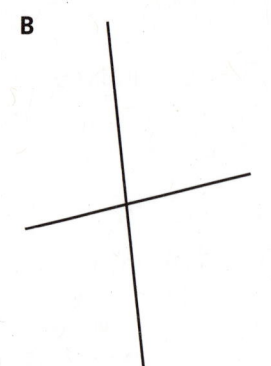

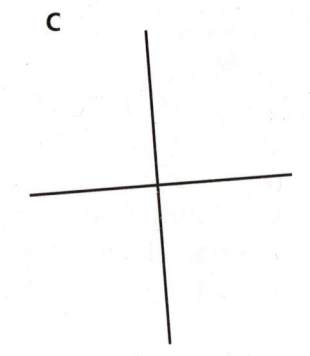

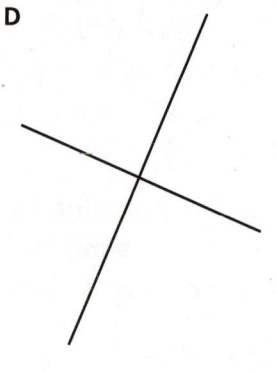

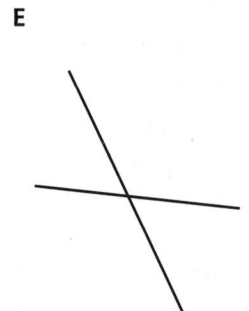

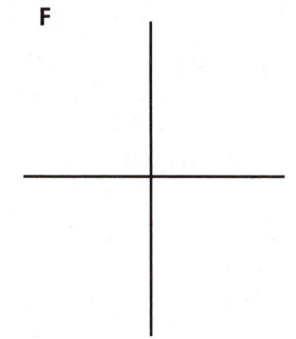

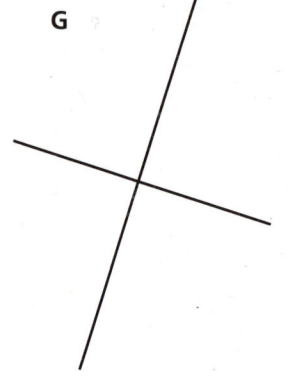

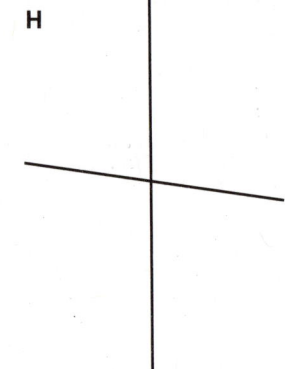

A B C D

E F G H

6 Welche Geradenpaare sind parallel zueinander?

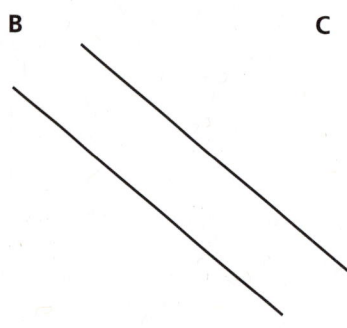

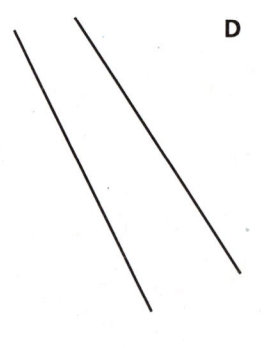

A B C D

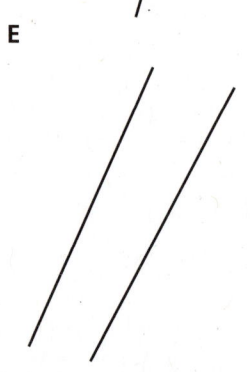

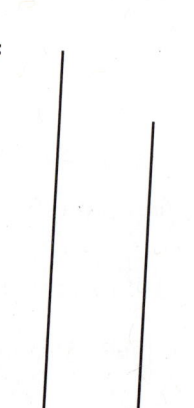

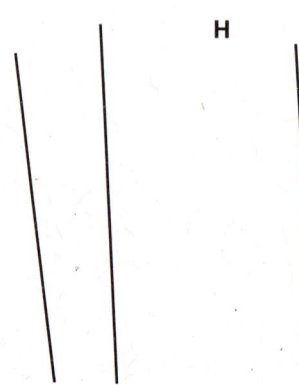

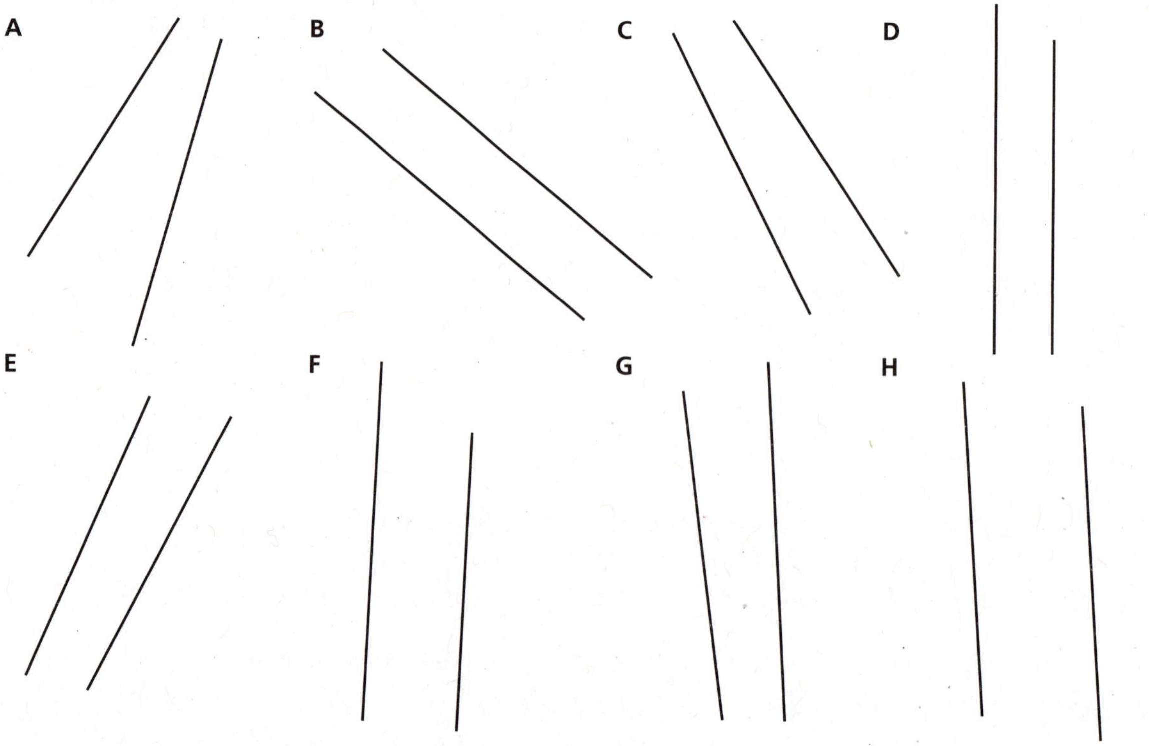

E F G H

7 Zeichne Punkte und Strecken.
Zeichne 8 Punkte, die so angeordnet sind, dass sie ungefähr auf einem Kreis liegen.

a Verbinde die Punkte mit dem Geodreieck, sodass ein Muster entsteht.

b Zeichne drei weitere Muster.

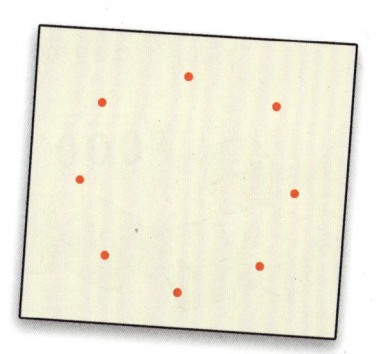

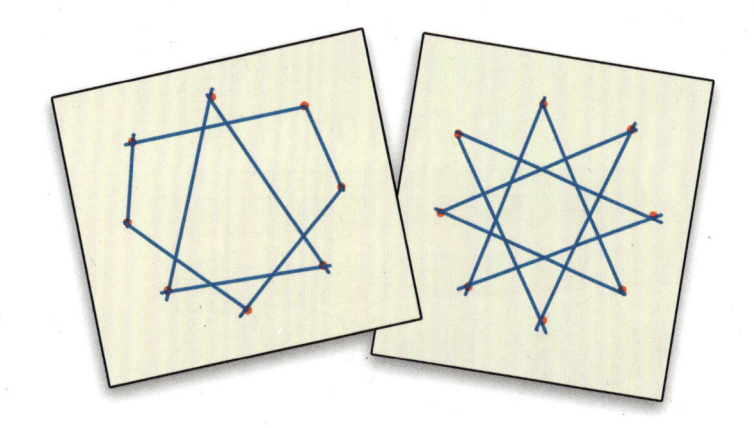

8 a Wähle ein Bild (A bis D).

Zeichne es ungefähr doppelt so gross mit dem Geodreieck.
Achte auf Parallelen und Senkrechten.

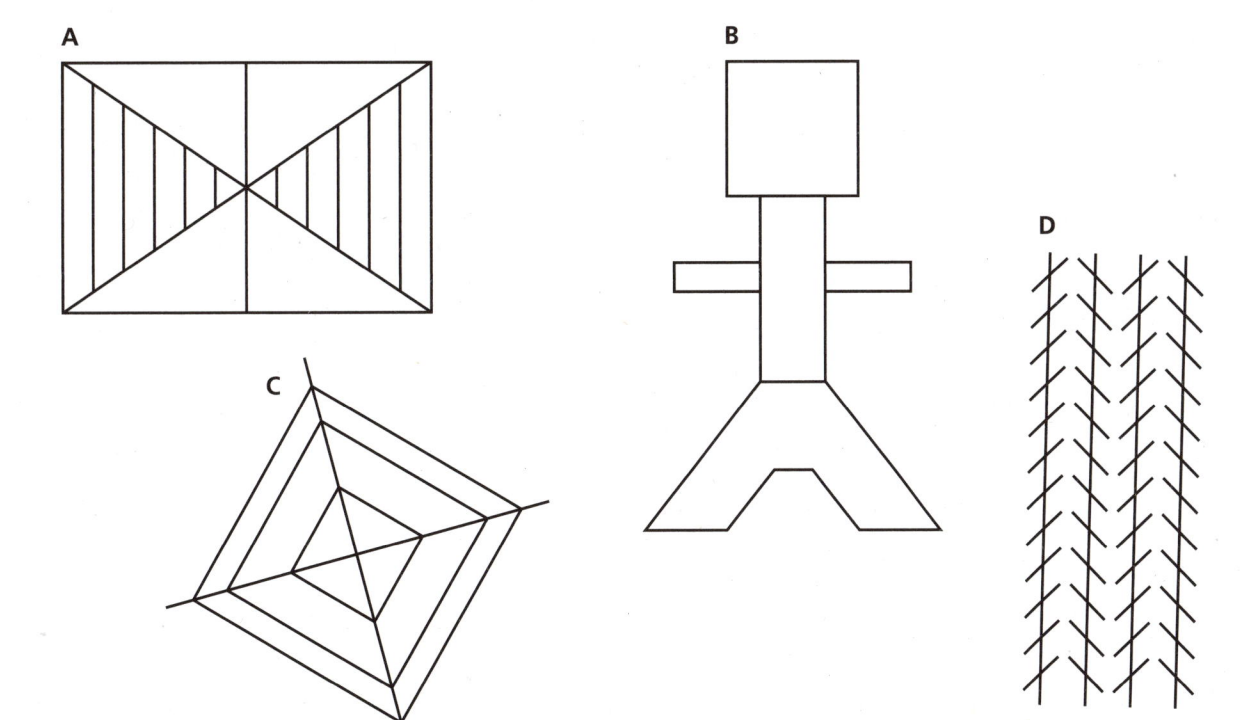

A

B

C

D

b Zeichne ein eigenes Bild mit möglichst vielen Parallelen und Senkrechten.

Zum Weiterdenken: S. 169, Aufgabe 3

Addieren

25 7 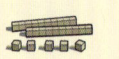 
25 + 7 = 32

250 70 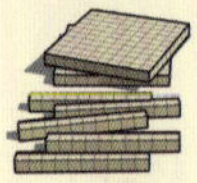 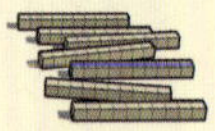
250 + 70 = 320

2500 700  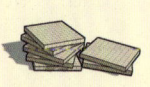
2500 + 700 = 3200

25 000 7000
25 000 + 7000 = 32 000 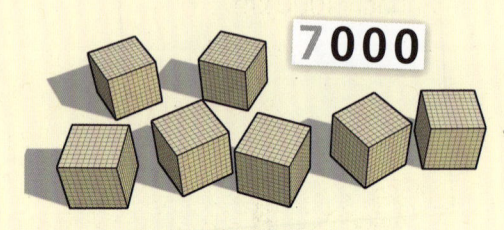

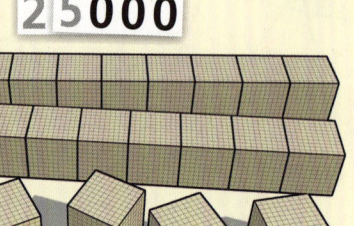

1 Finde die Regel, nach der die Rechnungsfolge aufgebaut ist.

Schreibe die Rechnungen auf und rechne sie aus.

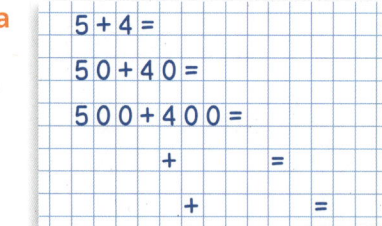

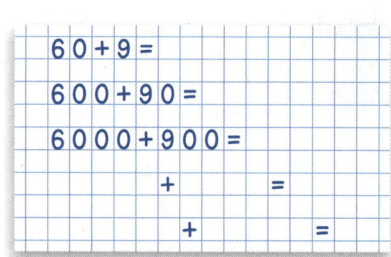

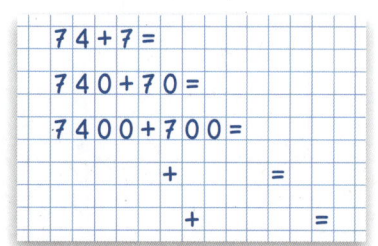

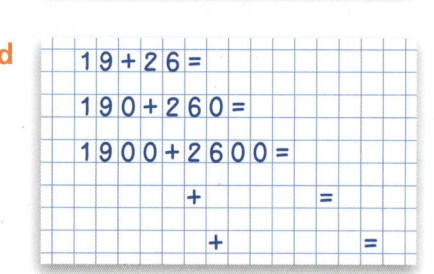

a
5 + 4 =
50 + 40 =
500 + 400 =
 + =
 + =

b
60 + 9 =
600 + 90 =
6000 + 900 =
 + =
 + =

c
74 + 7 =
740 + 70 =
7400 + 700 =
 + =
 + =

d
19 + 26 =
190 + 260 =
1900 + 2600 =
 + =
 + =

2 Rechne aus.

a 50 + 31
50 000 + 31 000

b 75 + 25
75 000 + 25 000

c 38 + 19
38 000 + 19 000

d 420 + 150
420 000 + 150 000

e 620 + 76
620 000 + 76 000

f 203 + 480
203 000 + 480 000

Additionen mit einfachen Zahlen ausrechnen, Analogien erkennen

3 Kilometerzähler

Der Kilometerzähler zeigt an, wie weit ein Auto schon gefahren ist.
Momentan steht der Kilometerzähler bei 6057 km.
Rechne aus, welche Zahl der Kilometerzähler anzeigen wird …

a nach 1 km.
nach 10 km.
nach 100 km.
nach 1000 km.

b nach 4 km.
nach 40 km.
nach 400 km.
nach 4000 km.

4 Rechne aus.

a 607 + 7
607 + 70
607 + 700
607 + 7000

b 3100 + 40
3100 + 400
3100 + 4000
3100 + 40 000

c 190 + 8
190 + 80
190 + 800
190 + 8000

d 880 + 2000
880 + 200
880 + 20
880 + 2

e 5 + 805
50 + 805
500 + 805
5000 + 805

f 40 + 6900
400 + 6900
4000 + 6900
40 000 + 6900

Eine **Addition** ist eine Plusrechnung.
Das Resultat einer Addition heisst **Summe**.
Die Zahlen, die addiert werden,
heissen **Summanden**.

4200 + 600 = 4800
Summanden   Summe

Addition und Subtraktion **Addieren**

5 Bestimme die Summe der beiden dargestellten Zahlen.
Schreibe die Rechnung auf. Rechne sie aus.

a   b   c

6 Finde die Regel, nach der die Rechnungsfolge aufgebaut ist.
Schreibe die Rechnungen auf und rechne sie aus.

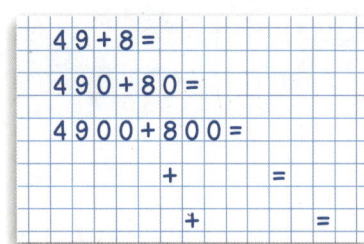

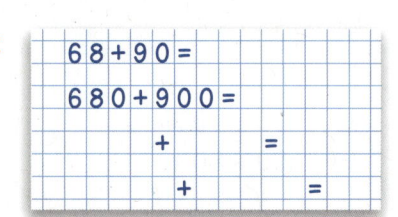

a
49 + 8 =
490 + 80 =
4900 + 800 =
＿ + ＿ = ＿
＿ + ＿ = ＿

b
95 + 7 =
950 + 70 =
9500 + 700 =
＿ + ＿ = ＿
＿ + ＿ = ＿

c
68 + 90 =
680 + 900 =
＿ + ＿ = ＿
＿ + ＿ = ＿

d
511 + 207 =
5110 + 2070 =
＿ + ＿ = ＿
＿ + ＿ = ＿

7 Schreibe zur vorgegebenen Addition mindestens drei analoge Rechnungen auf.
Rechne sie aus.

a 260 + 50
b 67 + 80
c 4000 + 38 000
d 21 000 + 19 000
e 171 000 + 42 000
f 454 000 + 350 000

vorgegebene Addition: 830 + 200 = 1030
analoge Additionen:
83 + 20 = 103
8300 + 2000 = 10'300
83'000 + 20'000 = 103'000

8 Rechne aus.
Kreise das Resultat ein, das nicht zu den drei anderen passt.

a	400 + 600	b	100 + 500	c	202 + 80
	4000 + 60 000		100 000 + 50 000		20 200 + 8000
	40 + 60		1000 + 500		2020 + 80
	400 000 + 600 000		10 000 + 5000		202 000 + 80 000

d	690 000 + 10 000	e	3000 + 330	f	97 000 + 4000
	6900 + 100		30 000 + 3030		97 + 40
	69 + 1		300 + 33		9700 + 4000
	60 900 + 100		300 000 + 33 000		970 + 400

9 Verdopple die Zahlen.

a	140	b	231	c	42 000	d	125 000
	407		164		57 000		282 000
	330		461		230 000		449 000
	251		345		408 000		168 000
	502		499		360 000		377 000

10 Halbiere die Zahlen.

a	620	b	870	c	48 000	d	38 000
	504		780		62 000		244 000
	270		542		802 000		852 000
	816		310		250 000		346 000
	186		672		490 000		512 000

Routine

11 Rechne aus.

a	39 + 6	b	560 + 30	c	2700 + 500	d	23 000 + 4000
	58 + 7		780 + 40		6600 + 600		35 000 + 5000
	31 + 8		960 + 50		3900 + 700		94 000 + 6000
	45 + 9		190 + 60		9500 + 800		49 000 + 7000

Zum Weiterdenken: S. 154, Aufgabe 1

Subtrahieren

23 − 7 = 16

230 − 70 = 160

2300 − 700 = 1600

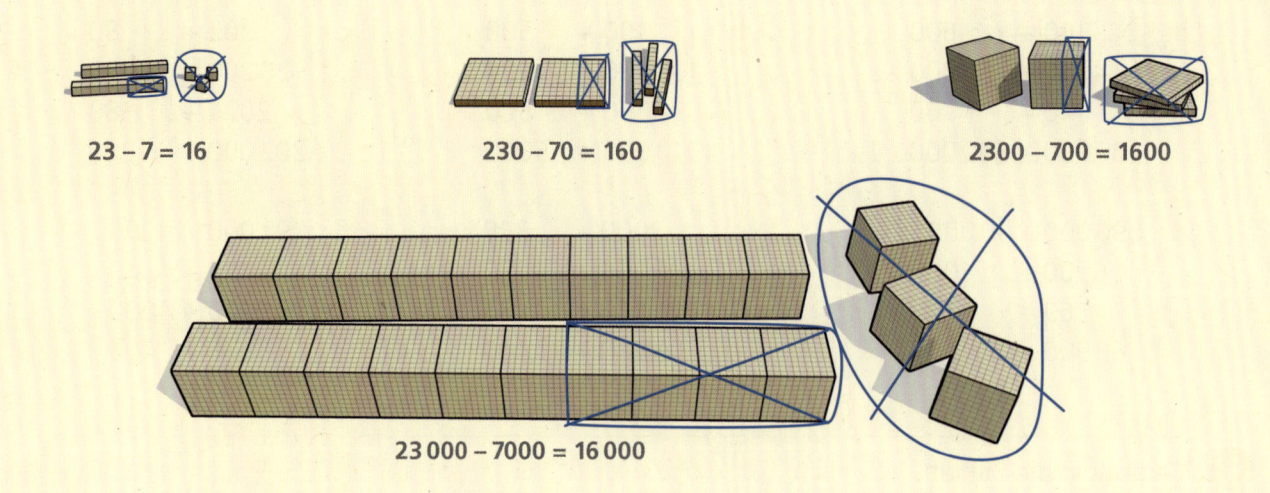

23 000 − 7000 = 16 000

1 Finde die Regel, nach der die Rechnungsfolge aufgebaut ist.

Schreibe die Rechnungen auf und rechne sie aus.

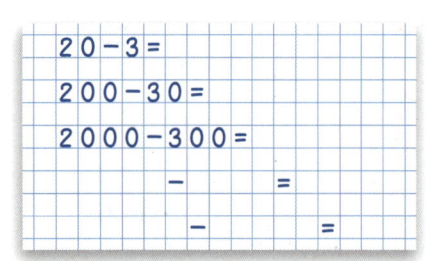

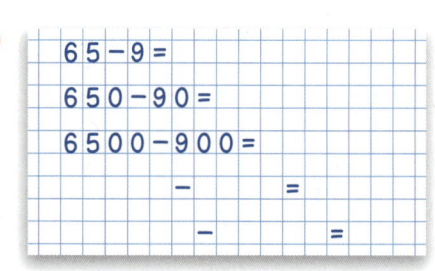

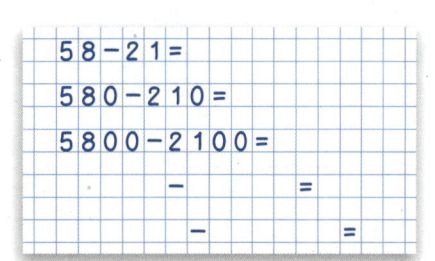

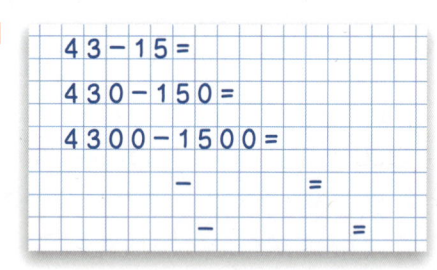

a
20 − 3 =
200 − 30 =
2000 − 300 =
− =
− =

b
65 − 9 =
650 − 90 =
6500 − 900 =
− =
− =

c
58 − 21 =
580 − 210 =
5800 − 2100 =
− =
− =

d
43 − 15 =
430 − 150 =
4300 − 1500 =
− =
− =

2 Rechne aus.

a   35 − 12
35 000 − 12 000

b   63 − 23
63 000 − 23 000

c   71 − 16
71 000 − 16 000

d   760 − 80
760 000 − 80 000

e   550 − 39
550 000 − 39 000

f   460 − 240
460 000 − 240 000

3 Zuschauerplätze im Fussballstadion

Im Stade de Suisse in Bern haben 31 120 Zuschauer Platz.

Wie viele Plätze sind besetzt, wenn …

a noch 3000 Plätze frei sind?

b noch 300 Plätze frei sind?

c noch 30 Plätze frei sind?

d noch 3 Plätze frei sind?

4 Rechne aus.

a 80 – 40
   781 – 40

b 220 – 70
   4220 – 70

c 6300 – 500
   6317 – 500

d 450 – 60
   2453 – 60

e 7300 – 800
   117 300 – 800

f 12 000 – 3000
   412 800 – 3000

5 Rechne aus.

a 5555 – 5
   5555 – 50
   5555 – 500

b 7777 – 600
   7777 – 70
   7777 – 8

c 2300 – 100
   2300 – 10
   2300 – 1

d 3408 – 2000
   3408 – 300
   3408 – 40

e 6029 – 3
   6029 – 30
   6029 – 300

f 8260 – 4000
   8260 – 500
   8260 – 60

Eine **Subtraktion** ist eine Minusrechnung.
Das Resultat einer Subtraktion heisst **Differenz**.

$7200 - 800 = 6400$ ← Differenz

Addition und Subtraktion **Subtrahieren**

6 Finde die Regel, nach der die Rechnungsfolge aufgebaut ist.
Schreibe die Rechnungen auf und rechne sie aus.

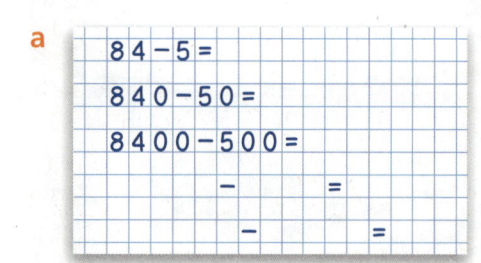

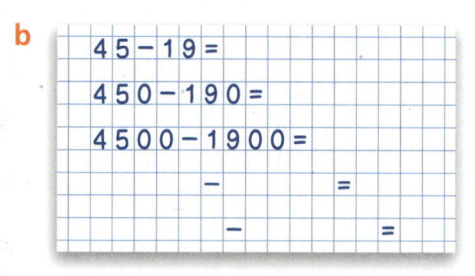

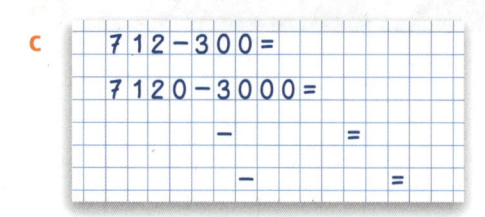

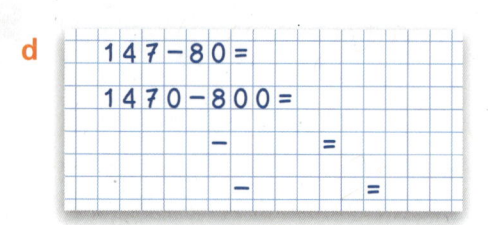

a
84 – 5 =
840 – 50 =
8400 – 500 =
– =
– =

b
45 – 19 =
450 – 190 =
4500 – 1900 =
– =
– =

c
712 – 300 =
7120 – 3000 =
– =
– =

d
147 – 80 =
1470 – 800 =
– =
– =

7 Rechne aus.

a 80 – 20
   689 – 20

b 410 – 30
   5410 – 30

c 7200 – 400
   17 200 – 400

d 100 – 6
   8100 – 6

e 25 120 – 700
   5100 – 700

f 9274 – 8
   74 – 8

g 213 500 – 5000
   13 000 – 5000

h 46 200 – 10
   200 – 10

8 Rechne aus.

a 685 – 3
   212 – 6
   1646 – 8
   4518 – 2

b 769 – 50
   9440 – 90
   6053 – 40
   3520 – 70

c 3155 – 100
   7870 – 500
   61 200 – 300
   12 560 – 800

d 52 000 – 20 000
   176 000 – 60 000
   910 000 – 40 000
   234 000 – 90 000

9 Schreibe zur vorgegebenen Subtraktion mindestens drei analoge Rechnungen auf.
Rechne sie aus.

a 890 – 40
b 350 – 80
c 7000 – 2300
d 6800 – 5600
e 600 000 – 110 000
f 940 000 – 28 000

vorgegebene Subtraktion: 550 – 300 = 250
analoge Subtraktionen: 55 – 30 = 25
5500 – 3000 = 2500
55'000 – 30'000 = 25'000

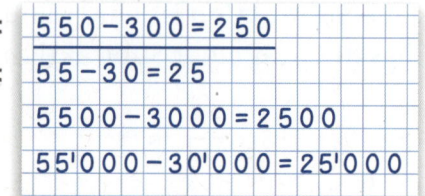

54

10 Rechne aus.
Kreise das Resultat ein, das nicht zu den drei anderen passt.

a 800 – 500
   80 000 – 5000
   80 – 50
   800 000 – 500 000

b 100 – 70
   10 000 – 7000
   1000 – 700
   1 000 000 – 70 000

c 90 800 – 400
   98 – 4
   980 000 – 40 000
   9800 – 400

d 71 000 – 6000
   710 000 – 60 000
   710 – 6
   7100 – 600

e 202 – 20
   20 200 – 200
   202 000 – 20 000
   2020 – 200

f 46 – 19
   460 000 – 190 000
   406 – 109
   4600 – 1900

11 Ergänze die fehlenden Zahlen.

a 640 + ▓ = 720
   220 + ▓ = 310
   750 + ▓ = 830
   360 + ▓ = 490

b 1500 + ▓ = 2100
   4700 + ▓ = 5400
   25 000 + ▓ = 50 000
   83 000 + ▓ = 99 000

c 819 + ▓ = 827
   654 + ▓ = 670
   1997 + ▓ = 2008
   9990 + ▓ = 10 100

12 Ergänze die fehlenden Zahlen.

a 380 – ▓ = 330
   870 – ▓ = 790
   240 – ▓ = 150
   930 – ▓ = 810

b 4400 – ▓ = 3900
   7300 – ▓ = 6700
   63 000 – ▓ = 58 000
   100 000 – ▓ = 47 000

c 705 – ▓ = 698
   1196 – ▓ = 1184
   2335 – ▓ = 2299
   7002 – ▓ = 6500

Routine

13 Rechne aus.

a 49 – 6
   82 – 7
   51 – 8

b 68 – 9
   71 – 5
   90 – 3

c 300 – 40
   750 – 50
   920 – 60

d 840 – 70
   530 – 80
   280 – 90

e 1200 – 500
   4700 – 600
   5300 – 700

f 6600 – 800
   2400 – 600
   8100 – 400

g 26 000 – 3000
   31 000 – 4000
   84 000 – 5000

h 92 000 – 7000
   45 000 – 8000
   53 000 – 9000

Zum Weiterdenken: S. 155, Aufgabe 2

Rechenstrategien Addition

1 **5061 + 2380**

   a Rechne aus.
       Zeichne deinen Rechenweg auf dem Rechenstrich oder schreibe ihn auf.

   b Auch das sind Rechenwege zu 5061 + 2380.
       Ist einer ähnlich wie dein Rechenweg?

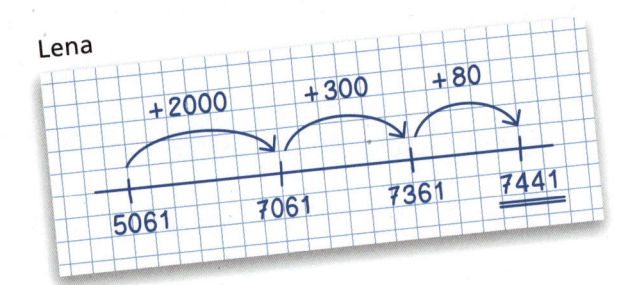

Lena

+2000, +300, +80
5061 → 7061 → 7361 → 7441

Alex

5061 + 2380 =
5061 + 80 = 5141
5141 + 300 = 5441
5441 + 2000 = 7441

Svenja

5061 + 2380 =
5000 + 2300 = 7300
61 + 80 = 141
7300 + 141 = 7441

David

5061 + 2380 =
1 + 0 = 1
60 + 80 = 140
0 + 300 = 300
5000 + 2000 = 7000
7441

2 **Rechne aus.**

Zeichne deinen Rechenweg auf dem Rechenstrich oder schreibe ihn auf.

   a 4307 + 6600   **b** 9147 + 4004

   c 6098 + 1202   **d** 3050 + 1123

Rechenwege zu Additionen aufschreiben oder zeichnen

3 30 125 + 2498

a Rechne aus.
Zeichne deinen Rechenweg auf dem Rechenstrich oder schreibe ihn auf.

b Auch das sind Rechenwege zu 30 125 + 2498.
Ist einer ähnlich wie dein Rechenweg?

Fabio
30'125 + 2498 =
30'125 + 500 = 30'625
30'625 − 2 = 30'623
30'623 + 2000 = 32'623

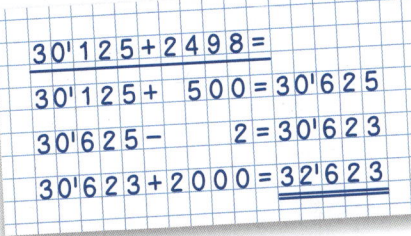

Nadine
30'125 →(+2000)→ 32'125 →(+500)→ 32'625 →(−2)→ 32'623

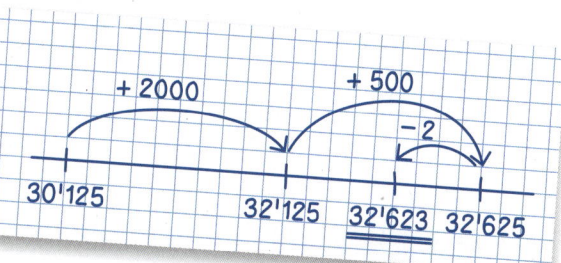

Nico
30'000 →(+2498)→ 32'498 →(+2)→ 32'500 →(+123)→ 32'623

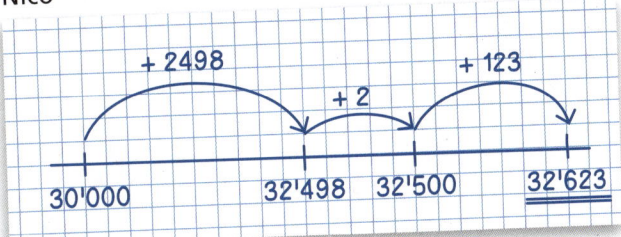

Anja
30'125 + 2498 =
30'123 + 2500 = 32'123 + 500 = 32'623

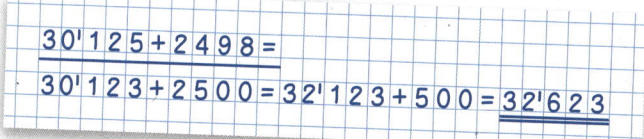

4 Rechne aus.

Überlege zuerst, wie du vorgehen willst.

a 999 + 999
b 9999 + 9999
c 99 999 + 99
d 9999 + 777
e 666 666 + 999
f 99 998 + 23 456

5 Rechne aus.

Notiere, was dir hilft, das Resultat auszurechnen.

a 292 000 + 65 000
b 340 000 + 570 000
c 47 000 + 238 000
d 42 100 + 24 300
e 28 075 + 72 025
f 652 652 + 37 037

Addition und Subtraktion **Rechenstrategien Addition**

6 Rechne aus.

a) 7100 + 1500
6025 + 4070
2300 + 5900

b) 13 080 + 6080
37 000 + 45 100
83 500 + 10 500

c) 528 000 + 207 000
437 000 + 380 000
268 000 + 199 000

7 Rechne aus.

a) 5819 + 999
763 + 999
4247 + 997

b) 34 320 + 1999
73 072 + 3990
63 111 + 7990

c) 471 000 + 299 000
202 000 + 197 000
395 000 + 395 000

8 Finde die Regel, nach der die Rechnungsfolge aufgebaut ist.
Schreibe die Rechnungen auf und rechne sie aus.

a)
2300 + 3100 =
2302 + 3098 =
2304 + 3096 =
___ + ___ = ___
___ + ___ = ___

b)
4050 + 1800 =
4030 + 1840 =
4010 + 1880 =
___ + ___ = ___
___ + ___ = ___

c)
317'000 + 220'000 =
316'000 + 211'000 =
315'000 + 202'000 =
___ + ___ = ___
___ + ___ = ___

d)
19'000 + 60'000 =
19'300 + 59'500 =
19'600 + 59'000 =
___ + ___ = ___
___ + ___ = ___

e)
60'600 + 40'200 =
60'500 + 35'200 =
60'400 + 30'200 =
___ + ___ = ___
___ + ___ = ___

f)
570'000 + 96'000 =
470'000 + 296'000 =
370'000 + 496'000 =
___ + ___ = ___
___ + ___ = ___

9 Die Rechenwege enthalten Fehler. Schreibe die Rechenwege korrekt auf.

a 3081 + 4750

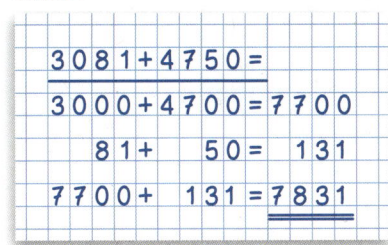

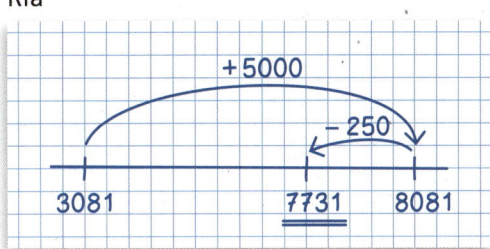

Julian
```
3081 + 4750 =
3000 + 4700 = 7700
  81 +   50 =  131
7700 +  131 = 7831
```

Ria: +5000 von 3081 nach 8081, −250 nach 7731

b 22 900 + 68 800

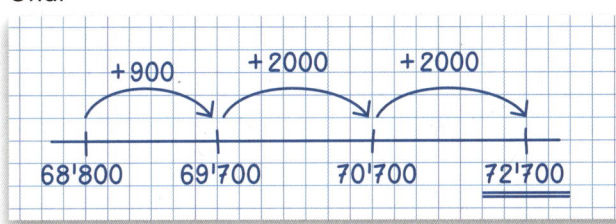

Onur: 68 800 +900→ 69 700 +2000→ 70 700 +2000→ 72 700

Jael
```
22'900 + 68'800 =
22'000 + 68'000 = 80'000
   900 +    800 =  1700
80'000 +   1700 = 80'170
```

10 Die Resultate der schwierigeren Additionen lassen sich aus den Resultaten der einfacheren Additionen ableiten.

Rechne aus. Beginne mit der einfachsten Rechnung.

a 10 349 +   2
10 349 + 86 532
10 349 +   32
10 349 +   6532
10 349 +   532

b 63 311 +   4275
63 311 +   5
63 311 + 14 275
63 311 +   75
63 311 +   275

c 844 064 + 26 039
844 060 + 26 039
 40 000 + 26 039
840 000 + 26 039
844 000 + 26 039

d 53 800 + 56 010
53 820 + 56 010
50 000 + 56 010
53 824 + 56 010
53 000 + 56 010

e 60 103 + 12 560
   103 +   560
     3 +   560
60 103 + 10 560
   103 + 10 560

f 23 000 + 1800
23 640 + 1800
23 640 + 1807
23 000 + 1000
23 600 + 1800

Zum Weiterdenken: S. 155, Aufgabe 3

Schriftliche Addition

Stellenweise addieren

4754 + 2638

Stellenwertkarten	Teilrechnungen
4754 2638	
4 8	4 + 8 = 12 Einer: 4 + 8 = 12
50 30	50 + 30 = 80 Zehner: 5 + 3 = 8
700 600	700 + 600 = 1300 Hunderter: 7 + 6 = 13
4000 2000	4000 + 2000 = 6000 Tausender: 4 + 2 = 6

Die Teilrechnungen können mehr oder weniger ausführlich aufgeschrieben werden.
Statt einer Stellenwerttabelle eignet sich auch Häuschenpapier zum Addieren.
Ohne Häuschenpapier ist es schwieriger, die Zahlen genau untereinanderzuschreiben.

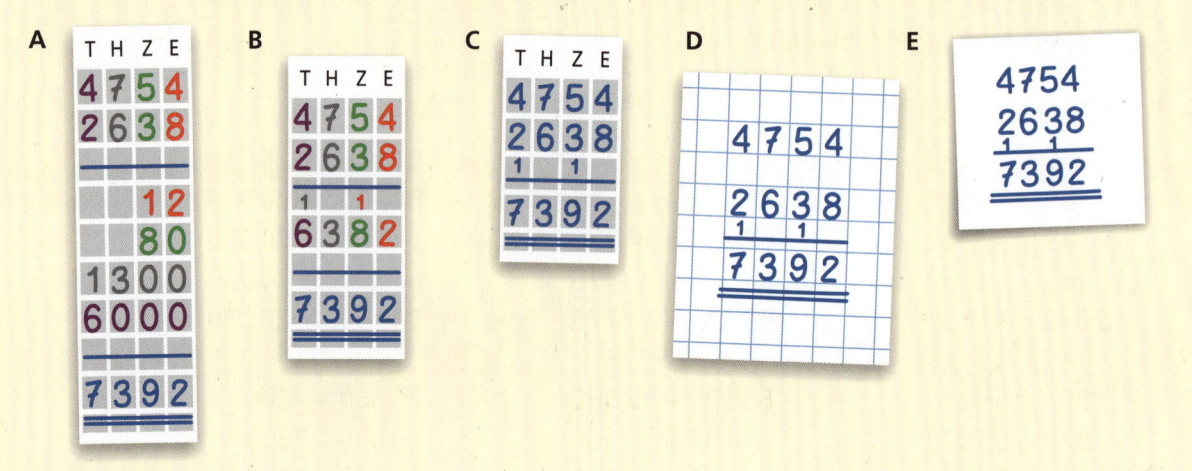

A
T H Z E
4 7 5 4
2 6 3 8
  1 2
  8 0
1 3 0 0
6 0 0 0
7 3 9 2

B
T H Z E
4 7 5 4
2 6 3 8
  1   1
6 3 8 2
7 3 9 2

C
T H Z E
4 7 5 4
2 6 3 8
  1   1
7 3 9 2

D
4754
2638
 1 1
7392

E
4754
2638
 1 1
7392

1 Rechne aus.

Schreibe zuerst die beiden Summanden so in die Stellenwerttabelle oder auf Häuschenpapier, dass die gleichen Stellenwerte untereinanderstehen.

a 1748 + 3317
b 6935 + 628
c 728 + 5517
d 40 665 + 21 382
e 4522 + 26 391
f 326 169 + 7656

Das schriftliche Additionsverfahren

43 085 + 8261

▸ Schreibe die beiden Summanden auf Häuschenpapier untereinander. Schreibe die Einer der zweiten Zahl genau unter die Einer der ersten Zahl, die Zehner unter die Zehner und so Stelle um Stelle weiter.

▸ Addiere zuerst die Einer, dann die Zehner und dann Stelle um Stelle weiter.

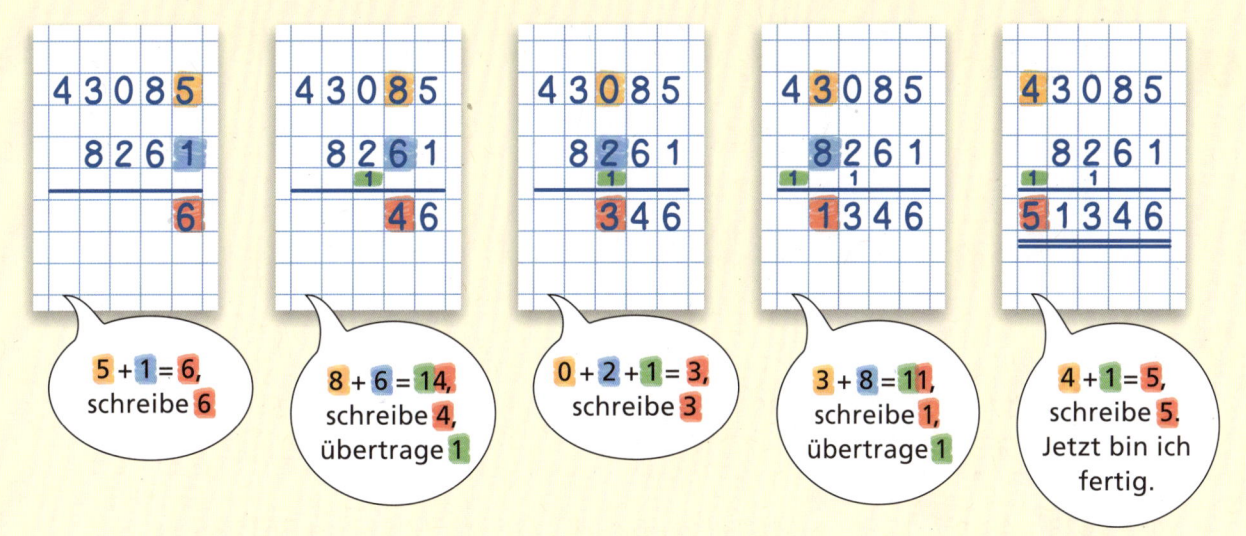

5 + 1 = 6, schreibe 6

8 + 6 = 14, schreibe 4, übertrage 1

0 + 2 + 1 = 3, schreibe 3

3 + 8 = 11, schreibe 1, übertrage 1

4 + 1 = 5, schreibe 5. Jetzt bin ich fertig.

2 Rechne schriftlich.

a 5376 + 4203
b 7801 + 2329
c 313 + 3784
d 23 670 + 48 130
e 31 905 + 15 650
f 86 906 + 148

3 Rechne schriftlich.

a 875 + 663 + 529
b 780 + 242 + 1289
c 3909 + 6959 + 2187
d 1356 + 1461 + 3147 + 834

4 Addiere die beiden Zahlen.

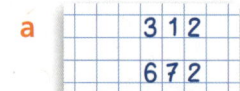

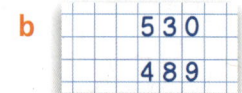

a 312 + 672
b 530 + 489
c 879 + 218

d 2117 + 6826
e 5242 + 3725
f 9681 + 6515

g 17602 + 28352
h 30163 + 47395
i 449644 + 77819

5 Addiere die drei Zahlen.

a 231 + 903 + 743
b 5602 + 2866 + 3079
c 2788 + 785 + 18531

6 Rechne aus.

a 2175 + 1176
   5684 + 568

b 3097 + 8482
   2688 + 3885

c 19 740 + 2331
   48 427 + 59 890

d 73 328 + 46 077
   87 868 + 64 621

e 187 002 + 625 847
   338 754 + 471 395

f 904 523 + 361 436
   249 677 + 514 403

7 Wähle ein geeignetes Vorgehen (im Kopf rechnen, mit Notizen rechnen, schriftlich rechnen) und rechne aus.

a 2000 + 7100
   5166 + 8578
   3110 + 9997

b 51 902 + 97 233
   40 400 + 26 311
   34 000 + 15 000

c 350 001 + 400 200
   23 650 + 389 444
   504 000 + 200 765

d 9204 + 1030
   1687 + 3925
   1380 + 8900

e 8700 + 80 077
   10 050 + 45 000
   91 999 + 8002

f 818 818 + 120 120
   900 011 + 1964
   167 000 + 167

8 Wähle ein geeignetes Vorgehen (im Kopf rechnen, mit Notizen rechnen, schriftlich rechnen) und rechne aus.

a 747 + 846 + 1030

b 623 + 1083 + 591

c 360 + 2601 + 3462

d 1980 + 3942 + 2443

e 481 + 697 + 271 + 805

f 83 + 358 + 491 + 1320

g 3154 + 3742 + 151 + 402

h 2337 + 858 + 4828 + 3695

9 Ersetze die Sternchen durch Ziffern, sodass korrekte Rechnungen entstehen.

a *0*4
   4*56
   678*

b 23*6
   3*75
   25

c *28*
   3718
   9**3

d 3*44
   *9*7
   760*

e ****
   6507
   9604

f **393
   154**
   76*53

g 4*07*
   *2**6
   65280

h 2*741
   *4*2*
   6447*

10 Stelle Ziffernkarten mit den Ziffern von 1 bis 8 her.

Bilde mit deinen Ziffernkarten zwei vierstellige Zahlen. Addiere die beiden Zahlen.

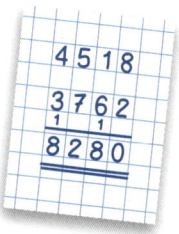

a Welches ist die grösstmögliche Summe?

b Welches ist die kleinstmögliche Summe?

c Finde zwei Zahlen mit der Summe 9999.

d Finde zwei Zahlen mit der Summe 9000.

e Finde zwei Zahlen mit einer Summe, die möglichst nahe bei 4444 liegt.

Zum Weiterdenken: S. 156, Aufgaben 4 bis 6

Multiplizieren

Multiplizieren heisst vervielfachen.

Eine **Multiplikation** ist eine Malrechnung.
Die Zahlen, die multipliziert werden, heissen **Faktoren**.

Das Resultat einer Multiplikation heisst **Produkt**.

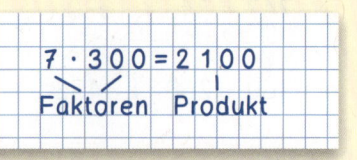

$7 \cdot 300 = 2100$
Faktoren Produkt

Multiplizieren mit Zehnerpotenzen

M HT ZT T H Z E	·10	M HT ZT T H Z E	·10	M HT ZT T H Z E	·10	M HT ZT T H Z E
700	→	7000	→	70000	→	700000

1 Rechne aus.

a 600 · 10   b 120 · 10
   30 000 · 10   33 000 · 10
   9000 · 10   17 200 · 10

2 Multipliziere Zehnerpotenzen mit Zehnerpotenzen.

1 · 1	1 · 10	1 · 100	1 · 1000	1 · 10 000	1 · 100 000	1 · 1 000 000
10 · 1	10 · 10	10 · 100	10 · 1000	10 · 10 000	10 · 100 000	
100 · 1	100 · 10	100 · 100	100 · 1000	100 · 10 000		
1000 · 1	1000 · 10	1000 · 100	1000 · 1000			
10 000 · 1	10 000 · 10	10 000 · 100				
100 000 · 1	100 000 · 10					
1 000 000 · 1						

a Finde in der Tabelle die Multiplikationen mit dem Resultat 1000.
b Finde in der Tabelle die Multiplikationen mit dem Resultat 10 000.
c Finde in der Tabelle die Multiplikationen mit dem Resultat 1 000 000.

3 Rechne aus.

a 10 · 49   b 87 · 100   c 90 · 100   d 10 · 9413
   100 · 49   870 · 100   9 · 1000   100 · 941
   1000 · 49   8700 · 100   90 · 10 000   1000 · 94

Das Hunderter- und Tausender-Einmaleins

4 Rechne aus.

a 4 · 700

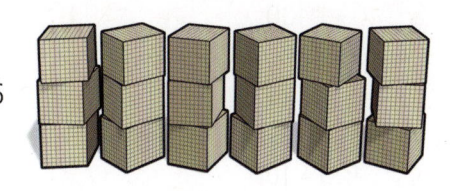

b 3000 · 6

5 Grosse Mengen im Multipack

Gegenstände wie Nadeln oder Streichhölzer werden oft in grösseren Mengen verkauft. Manchmal werden mehrere Packungen in einem Multipack zum Verkauf angeboten.

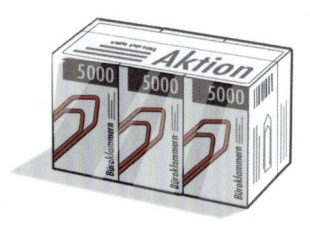

a Wie viele Gegenstände (Klebeetiketten, Büroklammern, Streichhölzer) enthalten die abgebildeten Multipacks?

b Wie viele Klebeetiketten enthalten 6 Schachteln mit je 4000 Stück?
Wie viele Büroklammern enthalten 7 Schachteln mit je 5000 Stück?
Wie viele Streichhölzer enthalten 9 Schachteln mit je 300 Stück?

6 Rechne aus.

9 · 400

Ich rechne mit Hundertern:
9 · 4 H = 36 H = 3 T 6 H
— Nadine

Ich rechne Schritt für Schritt:
9 ·   4 =   36
9 · 40 = 360
9 · 400 = 3600
— David

Ich rechne:
(10 · 400) − (1 · 400) =
4000 − 400 = 3600
— Laurin

Ich rechne:
9 · 4 · 100 =
36 · 100 = 3600
— Svenja

Ich rechne:
4 · 900 = 3600
— Elena

a 7 · 80
7 · 800
7 · 8000

b 30 · 9
300 · 9
3000 · 9

c 6 · 400
60 · 400
600 · 400

d 80 · 2
80 · 20
80 · 200

e 5 · 7
50 · 70
500 · 700

Multiplikation und Division **Multiplizieren**

7 Rechne aus.

a 10 · 100	**b** 1 · 10 000	**c** 100 · 1000
10 · 1000	10 · 10 000	1000 · 100
10 · 10	100 · 10 000	10 000 · 10
d 100 · 100	**e** 1000 · 1	**f** 1000 · 1000
1000 · 10	100 000 · 10	100 000 · 0
100 · 10	0 · 1000	10 000 · 100

8 Rechne aus.

a 341 · 10	**b** 530 · 10	**c** 8500 · 10
341 · 100	530 · 100	850 · 100
341 · 1000	53 · 100	85 · 1000
d 9 · 100	**e** 6100 · 10	**f** 29 · 1000
9 · 1000	61 · 10 000	290 · 10
9 · 0	610 · 10	290 · 100

9 Rechne aus.

a 9000 · 6	**b** 8 · 3000	**c** 7 · 900
90 000 · 6	7 · 300	70 · 900
900 · 6	9 · 30 000	700 · 900
d 8000 · 4	**e** 6 · 600	**f** 8 · 5000
8000 · 40	60 · 60	80 · 50
8000 · 400	600 · 600	500 · 800

10 Rechne aus.

a hundert mal zehn
tausend mal hundert
zehntausend mal zehn
zehn mal tausend

b hundert mal hundert
zehn mal hundert
zehn mal hunderttausend
hundert mal tausend

c hundert mal zehntausend
null mal hundert
tausend mal zehn
tausend mal tausend

d zehntausend mal null
zehn mal zehntausend
hunderttausend mal zehn
zehntausend mal hundert

11 Berechne die Anzahl Blatt Papier. 1 Paket enthält 500 Blatt Papier.

Wie viel Blatt Papier …

a haben 2 Pakete?

b hat eine Schachtel mit 5 Paketen?

c hat es in 10, 20, 30, 40, 50 Paketen?

12 Multipliziere mehrmals.

a 300   4000
- Multipliziere die Zahlen zuerst mit 2 und dann mit 5. Was stellst du fest?
- Multipliziere die Zahlen zuerst mit 5 und dann mit 2. Was stellst du fest?

b 200   5000   30 000
- Multipliziere die Zahlen zuerst mit 5, dann mit 4 und dann mit 2. Was stellst du fest?

13 Rechne aus.

a $10 \cdot 10 \cdot 10 \cdot 10$
   $1 \cdot 10 \cdot 100 \cdot 1000$
   $1000 \cdot 10 \cdot 1 \cdot 10$
   $10 \cdot 10 \cdot 0 \cdot 1000$

b $6 \cdot 10 \cdot 10 \cdot 100$
   $6 \cdot 100 \cdot 100 \cdot 10$
   $6 \cdot 100\,000 \cdot 0$
   $10 \cdot 10 \cdot 1000 \cdot 6$

c $2 \cdot 10 \cdot 10 \cdot 5 \cdot 10$
   $3 \cdot 100 \cdot 100 \cdot 7 \cdot 10$
   $10 \cdot 10 \cdot 4 \cdot 5 \cdot 100$
   $8 \cdot 1000 \cdot 5 \cdot 100 \cdot 1$

14 Finde einen Rechenweg, um die Multiplikation auszurechnen.
Schreibe deine Überlegungen und deinen Rechenweg auf.

a $90 \cdot 4000$

b $800 \cdot 700$

c $50 \cdot 60\,000$

15 Zerlege die Zahl in zwei Faktoren.
Finde mehrere Möglichkeiten.

a 3600

b 42 000

12 000

$12\,000 = 3 \cdot 4000$
$12\,000 = 6000 \cdot 2$
$12\,000 = 100 \cdot 120$

Routine

16 Rechne aus.

a $9 \cdot 70$
   $9 \cdot 700$
   $9 \cdot 7000$

b $500 \cdot 6$
   $5000 \cdot 6$
   $50 \cdot 6$

c $8 \cdot 4000$
   $80 \cdot 4$
   $4 \cdot 800$

d $3 \cdot 700$
   $30 \cdot 7$
   $7 \cdot 3000$

Zum Weiterdenken: S. 160, Aufgaben 1 bis 4

Dividieren

Dividieren heisst teilen.

Eine **Division** ist eine Durchrechnung.

Das Resultat einer Division heisst **Quotient**.

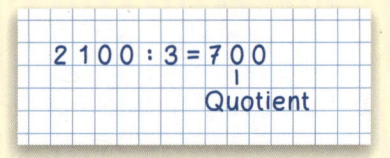

```
2100 : 3 = 700
            |
         Quotient
```

Dividieren durch Zehnerpotenzen

700000 :10 → 70000 :10 → 7000 :10 → 700

1 Rechne aus.

a 600 : 10   b 1600 : 10
   3000 : 10   42 000 : 10
   1 000 000 : 10   170 000 : 10

2 Dividiere Zehnerpotenzen durch Zehnerpotenzen.

1 000 000 : 1	1 000 000 : 10	1 000 000 : 100	1 000 000 : 1000	1 000 000 : 10 000	1 000 000 : 100 000
100 000 : 1	100 000 : 10	100 000 : 100	100 000 : 1000	100 000 : 10 000	100 000 : 100 000
10 000 : 1	10 000 : 10	10 000 : 100	10 000 : 1000	10 000 : 10 000	
1000 : 1	1000 : 10	1000 : 100	1000 : 1000		
100 : 1	100 : 10	100 : 100			
10 : 1	10 : 10				
1 : 1					

a Finde in der Tabelle die Divisionen mit dem Resultat 1000.

b Finde in der Tabelle die Divisionen mit dem Resultat 100.

c Finde in der Tabelle die Divisionen mit dem Resultat 10 000.

3 Rechne aus.

a 32 000 : 1000   b 95 000 : 1000   c 6400 : 100   d 70 000 : 100
   32 000 : 100   9500 : 100   64 000 : 100   7000 : 1000
   32 000 : 10   950 : 10   640 000 : 100   700 000 : 1000

Grosse Zahlen dividieren

4 Rechne aus.

a 3600 : 4

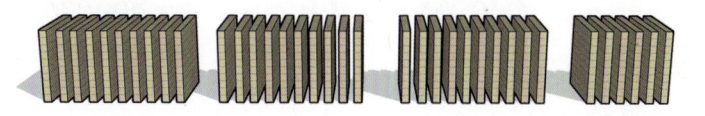

b 12 000 : 3

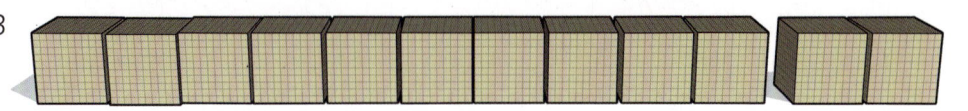

5 Teile Punktefelder.

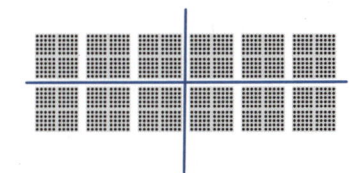

Julian: Ich kann vier gleich grosse Gruppen bilden:
1200 Punkte : 4 = 300 Punkte
4 · 300 Punkte = 1200 Punkte

Lena: Ich bilde sechs 200er-Gruppen.
1200 Punkte : 200 Punkte = 6

Teile die Anzahl Punkte in gleich grosse Gruppen. Notiere jeweils eine passende Division.

a

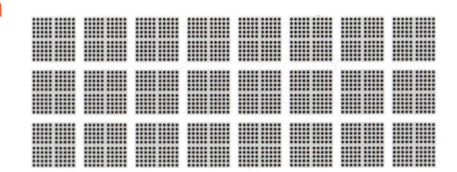

b

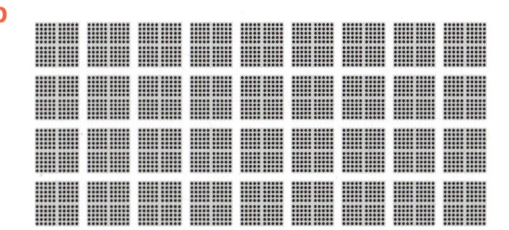

6 Rechne aus.

15 000 : 3

Anja: Ich rechne mit Tausendern:
15 T : 3 = 5 T

Nico: Ich suche die passende Multiplikation:
3 · 5000 = 15 000

Onur: Ich rechne Schritt für Schritt:
15 : 3 = 5
150 : 3 = 50
1500 : 3 = 500
15 000 : 3 = 5000

	a	b	c	d
	32 : 8	81 : 9	35 000 : 7	18 000 : 2
	320 : 8	810 : 90	35 000 : 7000	1800 : 6
	3200 : 8	8100 : 900	3500 : 5	180 : 30
	32 000 : 8	81 000 : 9000	3500 : 500	1800 : 900

Multiplikation und Division **Dividieren**

7 Rechne aus.

a 1000 : 1000
10 000 : 1000
100 000 : 100

b 10 000 : 10 000
10 000 : 10
100 000 : 10

c 1 000 000 : 10
100 000 : 10 000
1 000 000 : 1000

d 1000 : 100
100 000 : 1000
1 000 000 : 100

e 1 000 000 : 100 000
0 : 1000
10 000 : 100

f 100 000 : 100 000
1 000 000 : 1 000 000
1 000 000 : 10 000

8 Rechne aus.

a 6700 : 10
6700 : 100
6700 : 1

b 41 000 : 10
41 000 : 100
0 : 100

c 150 000 : 100
1500 : 100
150 : 10

d 80 000 : 1000
8000 : 100
800 : 100

e 160 000 : 10
16 000 : 100
1600 : 100

f 30 700 : 10
30 700 : 100
307 000 : 100

9 Rechne aus.

a 2400 : 4
24 000 : 8
240 000 : 3

b 36 000 : 6
3000 : 6
180 000 : 6

c 70 000 : 7
630 000 : 7
5600 : 7

d 12 000 : 4000
120 : 40
1200 : 600

e 1000 : 500
10 000 : 5000
1 000 000 : 5

f 700 000 : 70 000
3500 : 700
35 000 : 5000

10 Rechne aus.

a tausend durch zehn
eine Million durch tausend
tausend durch hundert
zehntausend durch zehn

b hundert durch zehn
eine Million durch zehn
hunderttausend durch hunderttausend
hunderttausend durch hundert

c hunderttausend durch zehntausend
eine Million durch zehntausend
hunderttausend durch zehn
eine Million durch hunderttausend

d zehntausend durch tausend
eine Million durch hundert
hunderttausend durch tausend
zehntausend durch hundert

11 Dividiere mehrmals.

a 4000   90 000
- Dividiere die Zahlen zuerst durch 2 und dann durch 5. Was stellst du fest?
- Dividiere die Zahlen zuerst durch 5 und dann durch 2. Was stellst du fest?

b 20 000   10 000   1600   120 000
- Dividiere die Zahlen zuerst durch 4 und dann durch 5. Was stellst du fest?

c 2400   320 000   40 000   16 000
- Dividiere die Zahlen zuerst durch 8, dann durch 5 und dann durch 2. Was stellst du fest?

12 Rechne aus.

a 200 000 : 10 : 10 : 100
1 000 000 : 10 : 1000 : 100

b 450 000 : 10 : 9 : 10
30 000 : 100 : 1 : 10

c 40 000 : 10 : 10 : 5 : 10
1 800 000 : 100 : 2 : 100

13 Wie viele Noten oder Münzen erhältst du für eine Million Franken in …

a 50-Franken-Noten?   **b** 5-Franken-Münzen?

c 200-Franken-Noten?   **d** 2-Franken-Münzen?

14 Finde einen Rechenweg, um die Divisionen auszurechnen. Schreibe deine Überlegungen und deinen Rechenweg auf.

a 420 000 : 7000   **b** 63 000 : 900   **c** 640 000 : 800

Routine

15 Rechne aus.

a 60 : 6
600 : 6
6000 : 6

b 490 : 70
4900 : 700
49 000 : 7000

c 5600 : 8
560 : 8
56 000 : 8

d 2700 : 900
27 000 : 9000
270 : 90

e 5400 : 600
5400 : 6
54 000 : 6

f 20 000 : 5
20 000 : 5000
200 : 50

g 3600 : 900
36 000 : 9
360 : 9

h 21 000 : 3
2100 : 3
2100 : 300

Zum Weiterdenken: S. 161, Aufgaben 5 bis 8

Geometrie **Formen**

Formen
Kreise und Zirkel

1 **Beschreibe, was die Folgen wären, …**

a wenn die Zeiger dieser Uhr nicht genau in der Mitte befestigt wären?

b wenn die Radachse nicht genau in der Mitte läge?

2 **Zeichne Kreise mit dem Zirkel.**

a Zeichne mehrere Kreise mit dem gleichen Mittelpunkt. Der erste Kreis hat einen Radius von 3 cm, jeder weitere Radius ist immer 1 cm grösser.

b Wähle eine Kreisfigur von A bis C und zeichne sie mit dem Zirkel nach. Die Radien und Schnittpunkte müssen nicht genau stimmen.

c Erfinde eigene Kreisfiguren.

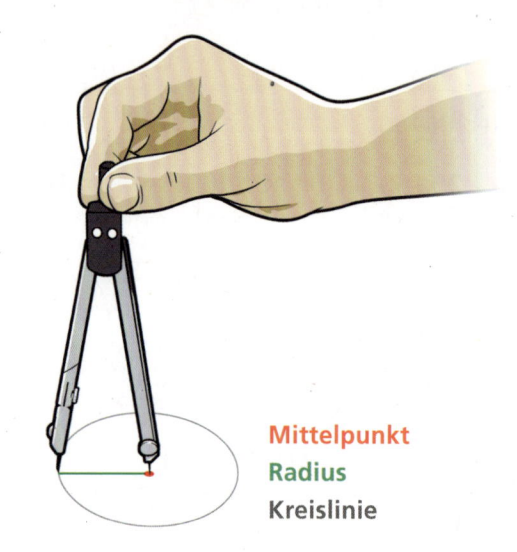

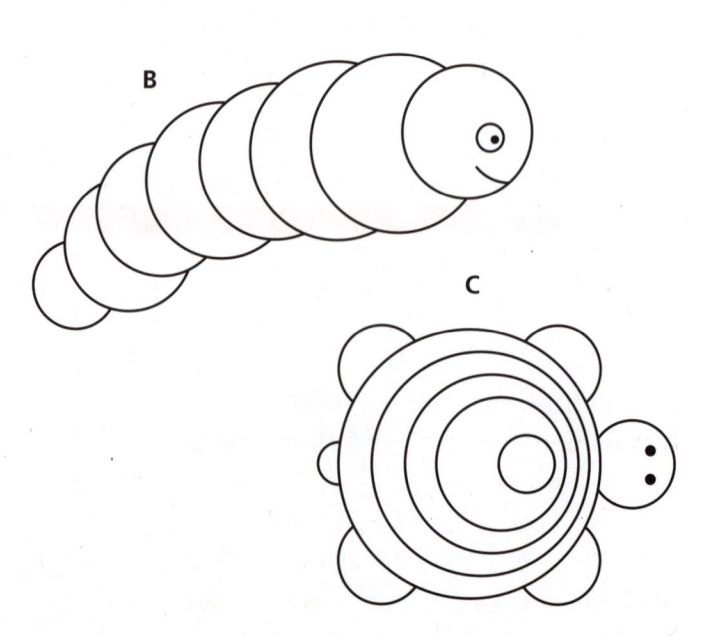

Mittelpunkt
Radius
Kreislinie

A

B

C

Vielecke und ihre Diagonalen

Ein Vieleck besteht aus mindestens drei geraden Seiten, die eine Fläche einschliessen.
Das sind alles Vielecke:

Diagonalen sind die Verbindungsstrecken zwischen zwei nicht benachbarten Ecken.

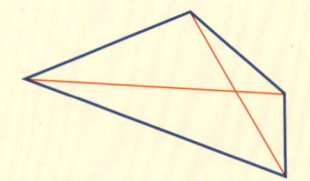

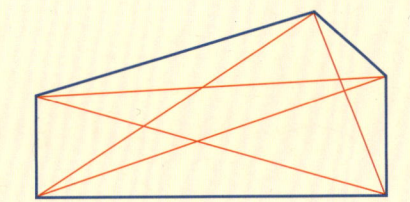

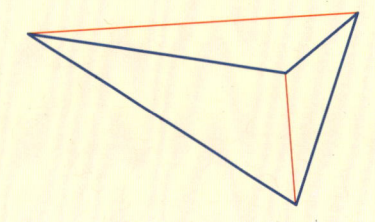

3 **Zeichne Vielecke mit ihren Diagonalen.**

- Zeichne von Hand verschiedene Vielecke (Vierecke, Fünfecke, Sechsecke).
  Trage die Diagonalen mit einer anderen Farbe ein.
- Notiere in einer Tabelle, wie viele Ecken und Diagonalen deine Vielecke jeweils haben.
- Was stellst du fest?
- Was vermutest du? Versuche deine Vermutung zu begründen.

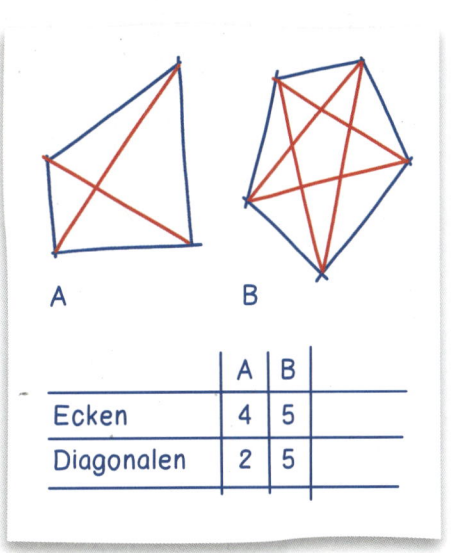

	A	B
Ecken	4	5
Diagonalen	2	5

4 **Zeichne Muster mit Diagonalen.**

- Zeichne 8 Punkte, die so angeordnet sind, dass sie ungefähr auf einem Kreis liegen.
- Verbinde die Punkte mit dem Geodreieck, sodass ein Achteck entsteht.
- Zeichne mit dem Geodreieck die Diagonalen ein.
- Male das entstandene Muster mit Farben aus.

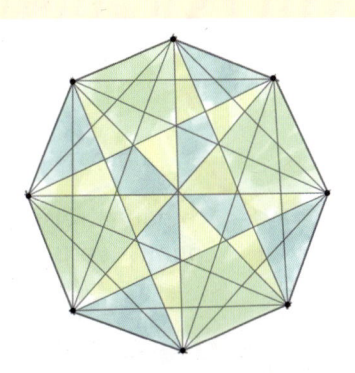

Geometrie **Formen**

5 Zeichne Rosetten.

A Zeichne in der Mitte eines Blattes Papier einen Kreis mit dem Radius 3 cm.
B Wähle einen Punkt auf der Kreislinie und zeichne von diesem Punkt aus einen Kreis mit dem gleichen Radius (3 cm).
C Zeichne um einen der Kreisschnittpunkte einen weiteren Kreis mit dem gleichen Radius.
D ... Fahre so weiter, bis die Rosette fertig ist.

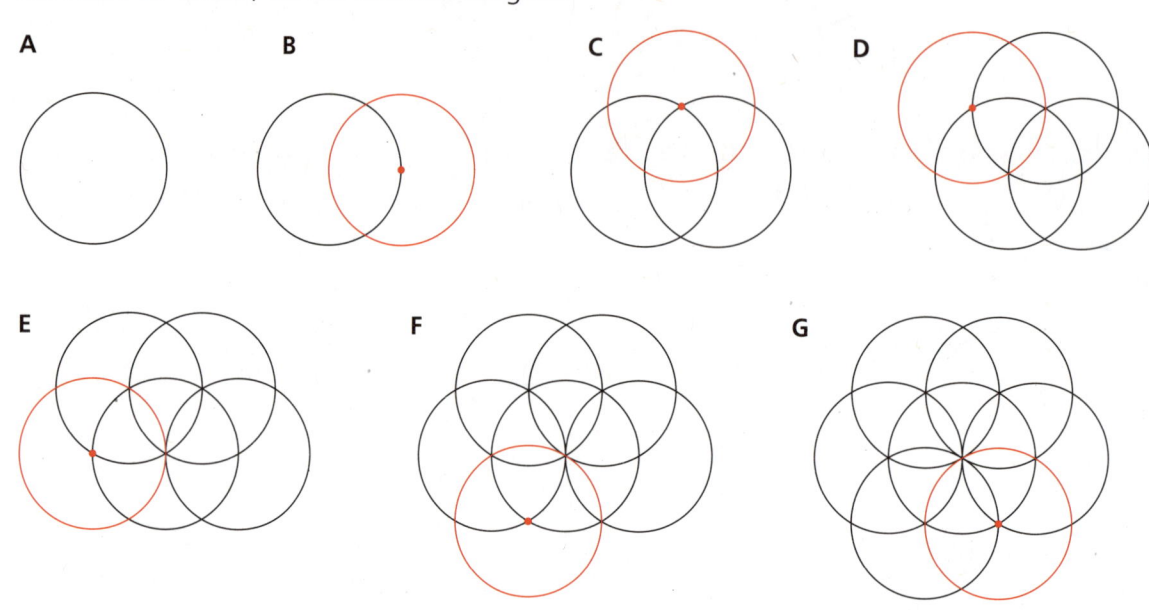

A   B   C   D

E   F   G

6 Experimentiere mit Rosetten.

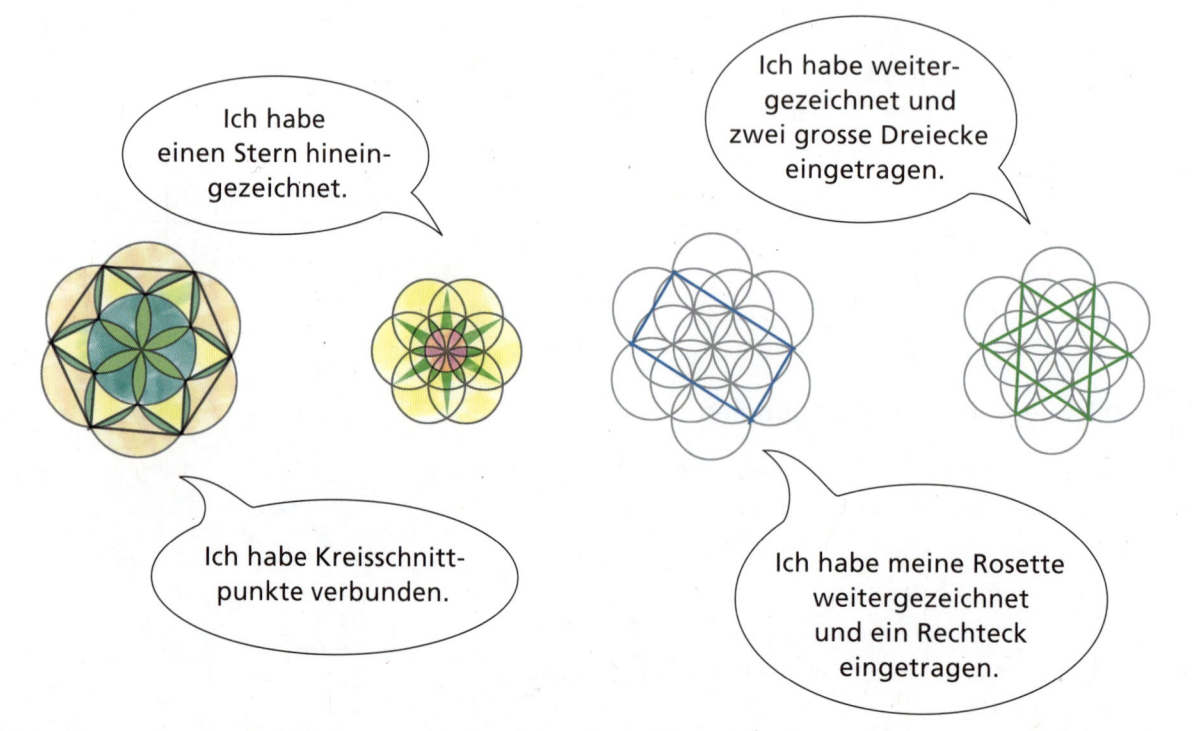

Ich habe einen Stern hineingezeichnet.

Ich habe weitergezeichnet und zwei grosse Dreiecke eingetragen.

Ich habe Kreisschnittpunkte verbunden.

Ich habe meine Rosette weitergezeichnet und ein Rechteck eingetragen.

7 Zerlege Quadrate und Rechtecke.

  a Zerlege ein Quadrat in gleiche Dreiecke. Zeichne mehrere Möglichkeiten auf.

  b Zerlege ein Rechteck in vier gleiche Teile. Zeichne mehrere Möglichkeiten auf.

8 Lege gleich grosse Quadrate aneinander.
Zwei Quadrate berühren sich jeweils an einer ganzen Seite.

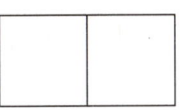

  a Lege Figuren mit vier Quadraten. Zeichne verschiedene Möglichkeiten auf.

  b Lege Figuren mit fünf Quadraten. Zeichne verschiedene Möglichkeiten auf.

9 Lege Figuren aus Dreiecken.
Du benötigst ein grosses quadratisches Papier und eine Schere.

Falte das Papier wie abgebildet in acht gleiche Dreiecke.
Schneide die Dreiecke aus.

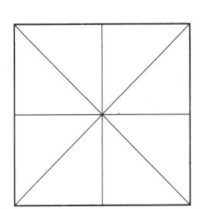

  a Wähle drei Figuren von A bis E und lege sie mit den acht Dreiecken nach. Zeichne deine Lösungen auf.

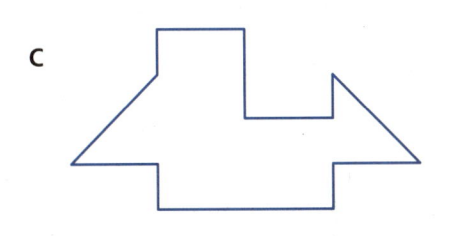

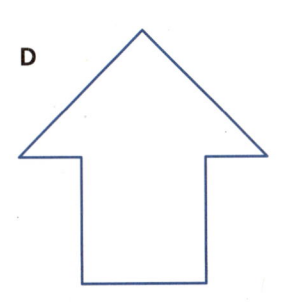

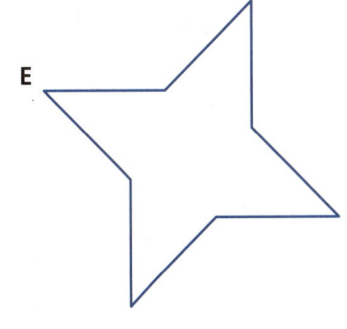

  A

  B

  C

  D

  E

  b Lege mit den Dreiecken eigene Figuren. Fahre mit einem Stift den Rändern der Figuren entlang und gib diese Bilder jemandem zum Nachlegen.

Zum Weiterdenken: S. 169, Aufgabe 4

Grössen und Daten   Gewichte

Gewichte

Messinstrumente:

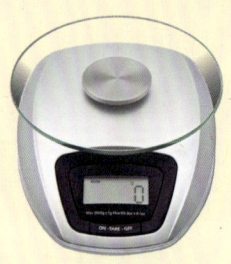

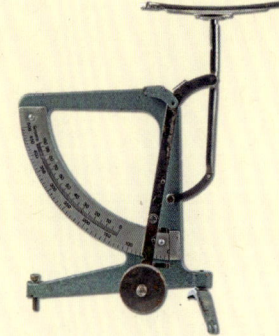

1 Kilogramm = 1000 Gramm
1 kg = 1000 g

1 Finde Gegenstände mit folgendem Gewicht.

Wiege diese Gegenstände mit einer geeigneten Waage.
Liste deine Messungen auf.

a weniger als 10 g   b 10 g bis 100 g

c 100 g bis 1 kg   d 1 kg bis 10 kg

e mehr als 10 kg

1 kg bis 10 kg
− Schulrucksack
−

weniger als 10 g
− Tintenpatrone: 1 g
−

Gewichte im Überblick

| 10 t = 10 000 kg | 1 t = 1000 kg | 100 kg | 10 kg |

76

Gewichte wiegen und vergleichen, Masseinheiten verwenden

> 1 Tonne = 1000 Kilogramm
> 1 t   = 1000 kg   = 1 000 000 g

2 Vergleiche die Gewichte der Tiere und der Verkehrsmittel.

Schreibe sie der Grösse nach geordnet auf. Beginne mit dem kleinsten Gewicht.

- Pottwal: 50 000 kg
- Passagierflugzeug: 560 t
- Schwertwal: 4500 kg
- Lokomotive: 84 t
- Lastwagen: 12 t
- afrikanischer Elefant: 5 t
- Reisebus: 10 000 kg
- Helikopter: 1 t 300 kg
- Dromedar: 600 kg

3 Vergleiche die Gewichte.

a Wie viele Briefe zu 100 g sind so schwer wie das Paket zu 2 kg?
b Wie viele Kisten zu 200 kg sind so schwer wie die Kiste zu 4 t?
c Wie viele Pakete zu 500 g sind so schwer wie die Kiste zu 40 kg?
d Schreibe weitere Gewichtsvergleiche zum Brief, zu den Paketen und Kisten (A bis F) auf.

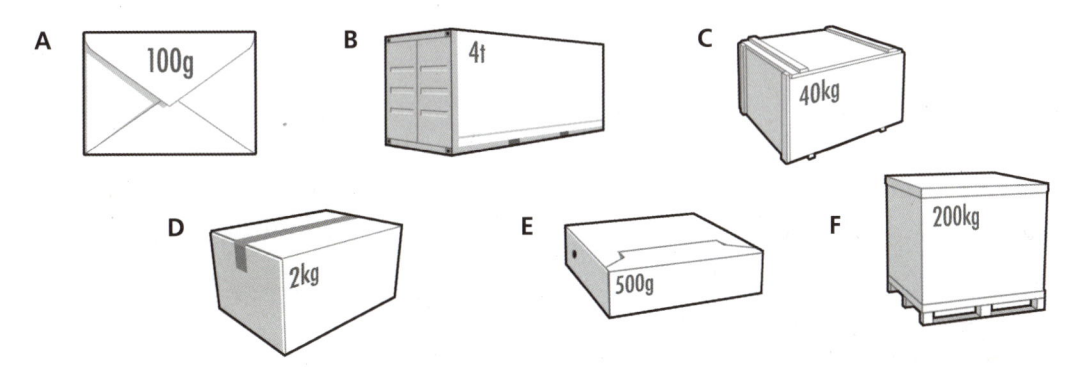

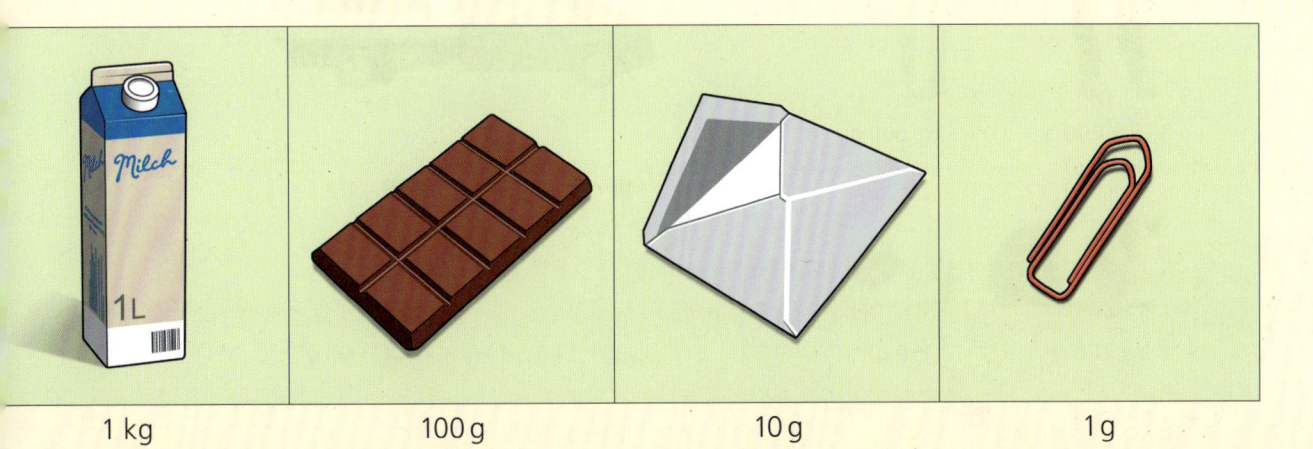

A 100 g
B 4 t
C 40 kg
D 2 kg
E 500 g
F 200 kg

1 kg — 100 g — 10 g — 1 g

Grössen und Daten **Gewichte**

4 Bestimme das Gesamtgewicht von …

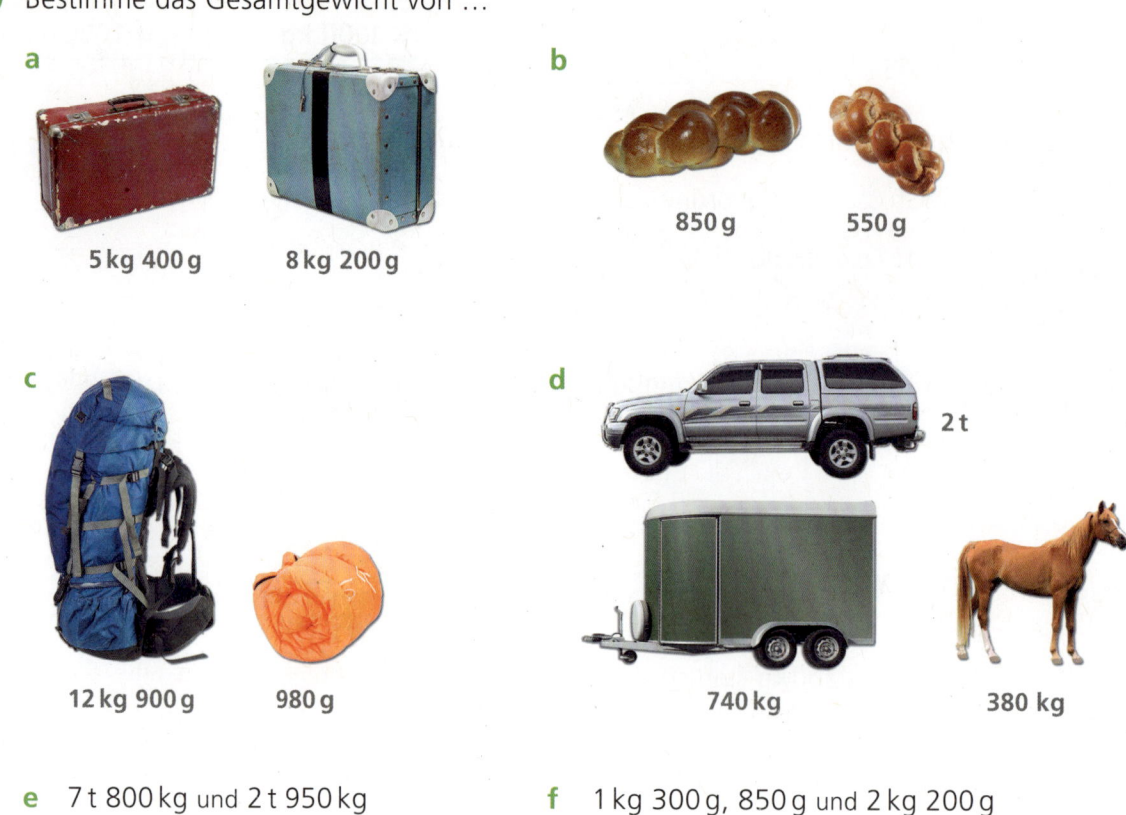

a 5 kg 400 g   8 kg 200 g

b 850 g   550 g

c 12 kg 900 g   980 g

d 2 t   740 kg   380 kg

e 7 t 800 kg und 2 t 950 kg

f 1 kg 300 g, 850 g und 2 kg 200 g

5 Bestimme den Gewichtsunterschied zwischen …

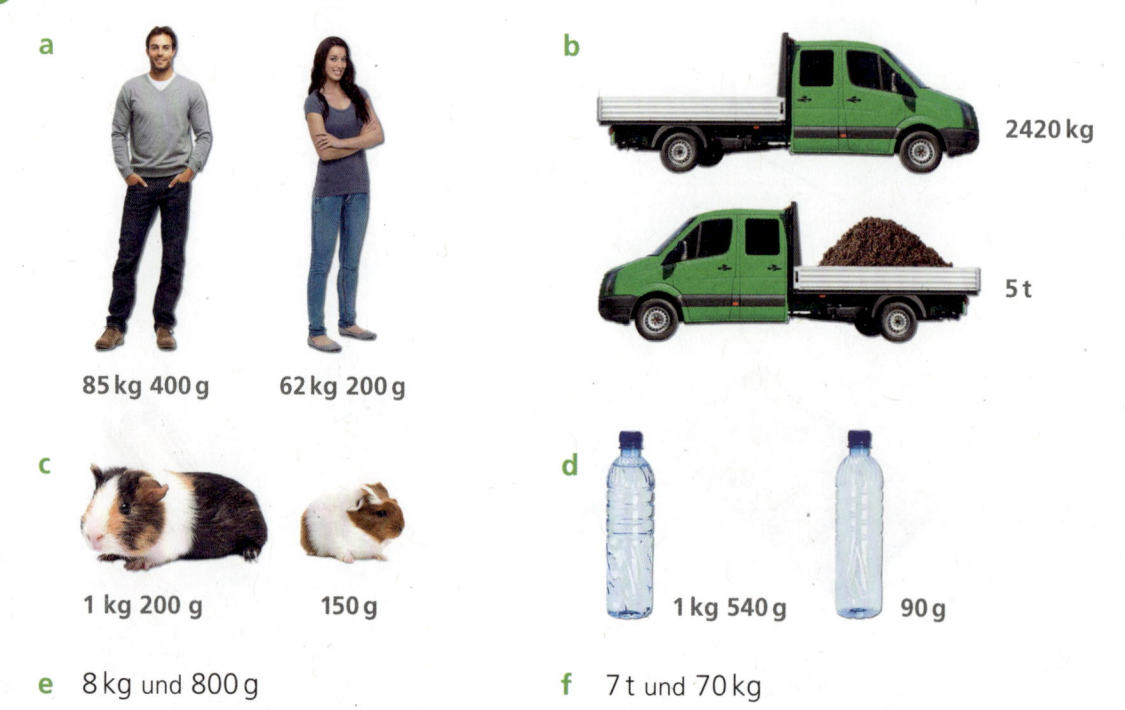

a 85 kg 400 g   62 kg 200 g

b 2420 kg   5 t

c 1 kg 200 g   150 g

d 1 kg 540 g   90 g

e 8 kg und 800 g

f 7 t und 70 kg

6 Stimmt das?

a 4 Schachteln zu je 1 kg 400 g sind zusammen schwerer als 5 kg.

b 6 Kisten zu je 70 kg sind zusammen schwerer als 1 t.

c 8 Schachteln zu je 800 g sind zusammen schwerer als 6 kg.

d 10 Kisten zu je 160 kg sind zusammen schwerer als 1 t.

e 100 Packungen zu je 50 g sind zusammen schwerer als 2 kg.

f 100 Kisten zu je 9 kg 100 g sind zusammen schwerer als 1 t.

7 Wo findest du solche Gewichtsangaben? Warum sind sie wichtig?

a

2
8 Personen
640 kg

b

Durchgangs-
verkehr

12 t

c

MAXGW	65 200 LB
	30 480 KG
TARE	6510 LB
	3860 KG
MAXCW	58 690 LB
	26 620 KG

d

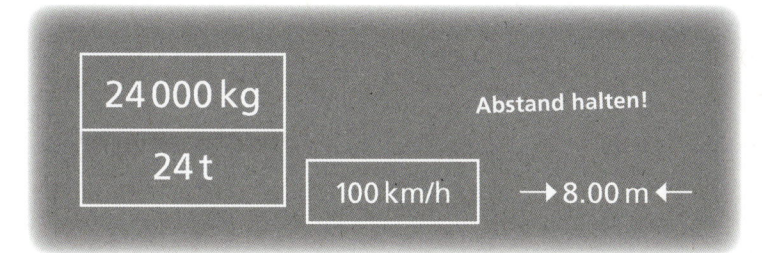

24 000 kg
24 t

Abstand halten!

100 km/h   →8.00 m←

Routine

8 Merke dir Beispiele zu Standardgewichten.
Welche Gegenstände haben ungefähr das folgende Gewicht?

a 1 g   b 1 kg   c 1 t

d 100 g   e 10 kg   f 100 kg

Zum Weiterdenken: S. 176, Aufgaben 3 bis 4

Grössen und Daten **Hohlmasse**

Hohlmasse

Messinstrumente:

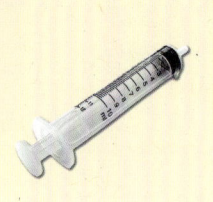

1 l = 10 dl = 100 cl = 1000 ml
1 dl = 10 cl = 100 ml
1 cl = 10 ml

Fassungsvermögen des Glases: 25 cl
Inhalt: 16 cl Wasser

Fassungsvermögen und Inhalte von Gefässen und Behältern werden mit Hohlmassen angegeben.

1 Finde Gefässe mit folgendem Fassungsvermögen.

Miss das Fassungsvermögen mit einem geeigneten Messinstrument. Liste deine Messungen auf.

a 1 ml bis 1 cl
b 1 cl bis 1 dl
c 1 dl bis 1 l
d 1 l bis 10 l

1 cl bis 1 dl
– Nagellackfläschchen: 15 ml
–

Hohlmasse im Überblick

100 hl = 10 000 l   10 hl = 1000 l   1 hl = 100 l   10 l

Inhalte messen und vergleichen, Masseinheiten verwenden

1 Hektoliter = 100 Liter
1 hl = 100 l = 100 000 ml

2 Vergleiche das Fassungsvermögen der Behälter.

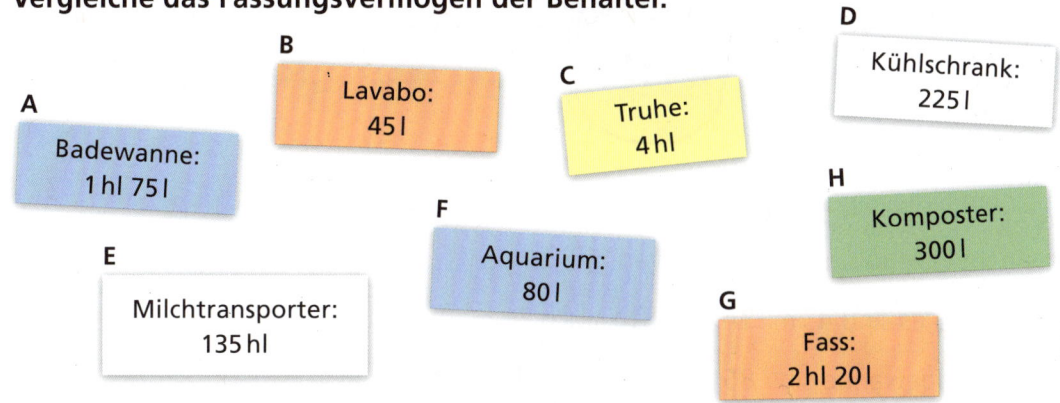

A Badewanne: 1 hl 75 l
B Lavabo: 45 l
C Truhe: 4 hl
D Kühlschrank: 225 l
E Milchtransporter: 135 hl
F Aquarium: 80 l
G Fass: 2 hl 20 l
H Komposter: 300 l

a Schreibe in einer Tabelle das Fassungsvermögen der Behälter der Grösse nach geordnet auf. Beginne mit der kleinsten Grössenangabe.

b Wie oft muss ein 2-l-Messbecher mit Wasser gefüllt werden, um das Aquarium zu füllen?

c Wie viele gefüllte 10-l-Eimer können in das leere Fass gekippt werden?

d Schreibe weitere Inhaltsvergleiche zu den Behältern A bis H. Vergleiche mit Gefässen, deren Fassungsvermögen du kennst.

| 1 l | 1 dl | 1 cl | 1 ml |

Grössen und Daten **Hohlmasse**

3 Rechne den gesamten Inhalt aus.

a In einem Eimer sind 6 l 60 cl Wasser. Nadine giesst noch 3 l 40 cl dazu.

b In einem Lavabo sind 3 l 75 cl. Silvan giesst noch 1 l 25 cl dazu.

c In einem Glas sind 45 ml. Lena giesst noch 65 ml dazu.

d In einer Badewanne sind 85 l. David giesst noch 28 l dazu.

4 Wie viel Inhalt bleibt übrig?

a In einem Krug hat es 1 l 50 cl Saft. Laurin giesst davon 30 cl in sein Glas.

b In einer Flasche hat es 1 l Wasser. Anja trinkt davon 350 ml.

c In einer Tasse hat es 30 cl Milch. Nico trinkt davon 20 cl 5 ml.

d In einem Aquarium hat es 120 l Wasser. Elena pumpt davon 40 l ab.

5 Stimmt die Aussage?
Rechne aus. Schreibe die falschen Aussagen so um, dass sie stimmen.

a Wenn ich 2 Flaschen mit 50 cl Mineralwasser trinke, habe ich total 1 l getrunken.

b Wenn Onur in einen Eimer 20-mal 500 ml Wasser giesst, hat es im Eimer 10 l Wasser.

c Wenn Frau Kostic in ein Fass 8-mal 15 l Apfelsaft giesst, enthält es 120 l.

d Wenn Frau Suter die Giesskanne 7-mal mit 12 l füllt, hat sie 1 hl Wasser verbraucht.

6 Inhalte werden in kleinere Gefässe abgefüllt.
Rechne aus, wie viele Gefässe gebraucht werden.

> 1000 ml Fruchtsaft werden in 200-ml-Flaschen abgefüllt.

1000 ml : 200 ml = 5
Es werden 5 Flaschen gebraucht.

a 1 l wird abgefüllt in …
… 500-ml-Gefässe.
… 10-ml-Gefässe.
… 50-ml-Gefässe.
… 5-ml-Gefässe.

b 10 l werden abgefüllt in …
… 100-cl-Gefässe.
… 50-cl-Gefässe.
… 10-cl-Gefässe.
… 1-cl-Gefässe.

c 1 hl wird abgefüllt in …
… 10-l-Gefässe.
… 2-l-Gefässe.
… 50-l-Gefässe.
… 25-l-Gefässe.

7 Inhalte werden in kleinere Gefässe abgefüllt.
Rechne aus, wie viel jedes Gefäss enthält.

> 1000 ml Fruchtsaft werden gleichmässig in 4 Gläser abgefüllt.

1000 ml : 4 = 250 ml
Jedes Glas enthält 250 ml.

a 1 l wird abgefüllt in …
… 4 Gefässe.
… 20 Gefässe.
… 5 Gefässe.
… 8 Gefässe.

b 15 l werden abgefüllt in …
… 15 Gefässe.
… 150 Gefässe.
… 5 Gefässe.
… 100 Gefässe.

c 2 hl werden abgefüllt in …
… 100 Gefässe.
… 20 Gefässe.
… 5 Gefässe.
… 25 Gefässe.

Routine

8 Merke dir Beispiele zu Standardgrössen.
Welche Behälter haben ungefähr das folgende Fassungsvermögen?

a 1 ml   **b** 1 cl   **c** 1 l
d 1 hl   **e** 100 ml   **f** 10 l

Zum Weiterdenken: S. 177, Aufgabe 5

Rechenstrategien Subtraktion

1 **4290 – 2600**

a Rechne aus.
Zeichne deinen Rechenweg auf dem Rechenstrich oder schreibe ihn auf.

b Auch das sind Rechenwege zu 4290 – 2600.
Ist einer ähnlich wie dein Rechenweg?

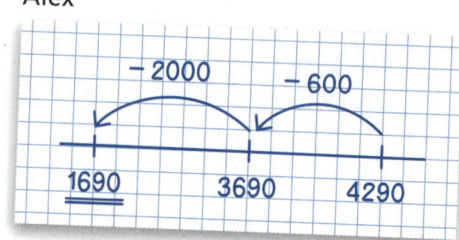

Irina

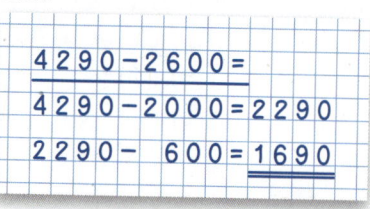

```
4290 – 2600 =
4290 – 2000 = 2290
2290 –  600 = 1690
```

Alex

– 2000, – 600
1690   3690   4290

Julian

```
4290 – 2600 =
4200 – 2600 = 1600
4290 – 2600 = 1690
```

Ria

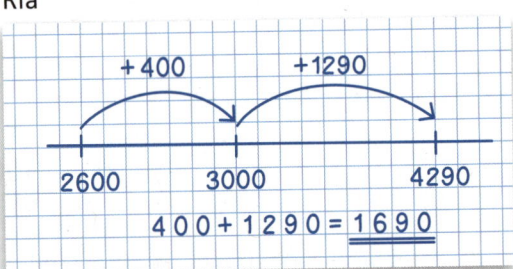

+ 400, +1290
2600   3000   4290
400 + 1290 = 1690

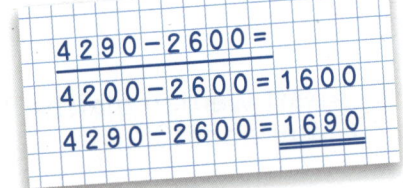

2 **Rechne aus.**

Zeichne deinen Rechenweg auf dem Rechenstrich oder schreibe ihn auf.

a 678 – 450   **b** 5200 – 760   **c** 3140 – 1200

d 8041 – 2050   **e** 49 000 – 3005   **f** 68 900 – 4070

3 **Rechne aus.**

Überlege zuerst, wie du vorgehen willst.

a 5678 – 999   **b** 40 772 – 9999

c 17 210 – 9900   **d** 28 910 – 6980

Svenja

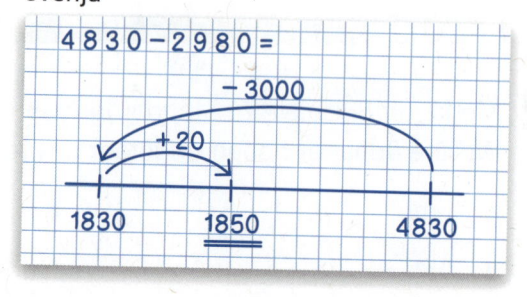

```
4830 – 2980 =
```
– 3000, +20
1830   1850   4830

4 Bestimme die Differenz zwischen den Zahlen 4210 und 5070.

a Zeichne deinen Rechenweg auf dem Rechenstrich oder schreibe ihn auf.

b Vergleiche deinen Rechenweg mit den Rechenwegen von Silvan, Jael und Elena. Hast du subtrahiert, ergänzt oder vermindert?

Silvan subtrahiert:
5070 − 4210 =
− 10, − 200, − 4000
860 870 1070 5070

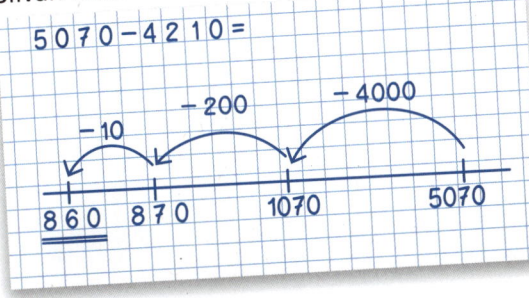

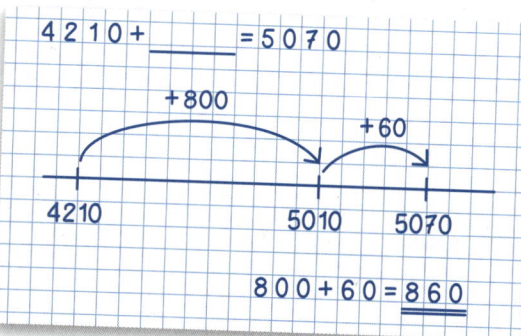

Jael ergänzt:
4210 + ___ = 5070
+800, +60
4210 5010 5070
800 + 60 = 860

Elena vermindert:
5070 − ___ = 4210
− 90, − 700, − 70
4210 4300 5000 5070
70 + 700 + 90 = 860

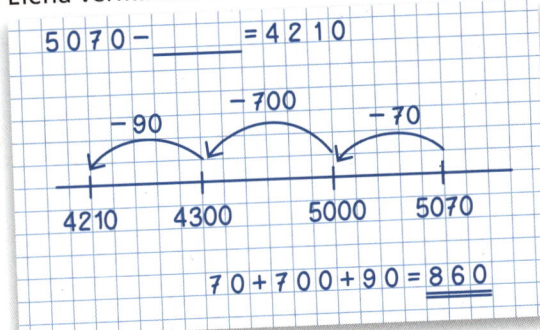

5 Bestimme die Differenz zwischen den beiden Zahlen.

Überlege zuerst, ob du subtrahieren, ergänzen oder vermindern willst.

a 833, 808
b 4030, 6709
c 20 307, 21 000
d 316, 3000
e 7100, 2870
f 80 000, 30 909

6 Rechne aus.

Notiere, was dir hilft, das Resultat auszurechnen.

a 50 002 − 39 300
b 38 913 − 38 907
c 19 264 − 11 111
d 41 606 − 2500
e 60 180 − 53 200
f 900 000 − 650 008

Addition und Subtraktion **Rechenstrategien Subtraktion**

7 Rechne aus.

a 5700 – 3400
   6230 – 1080
   8800 – 7900

b 13 080 – 6080
   35 090 – 20 100
   90 780 – 44 000

c 401 000 – 308 000
   726 000 – 460 000
   613 000 – 290 000

8 Bestimme die Differenz zwischen den beiden dargestellten Zahlen. Notiere die passende Rechnung und das Resultat.

a   b    c

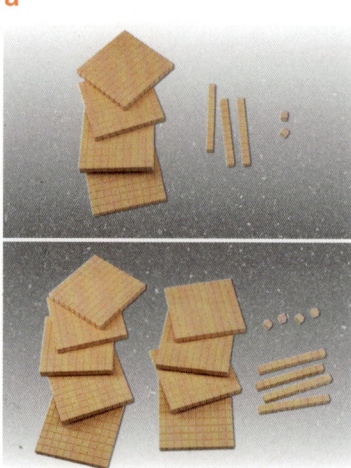

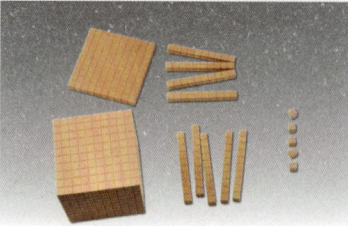

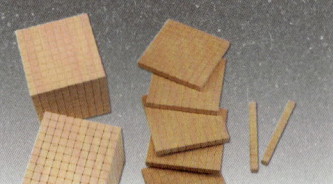

9 Bestimme die Differenz zwischen den beiden Zahlen. Überlege jeweils, ob du subtrahieren, ergänzen oder vermindern willst.

8015, 8217

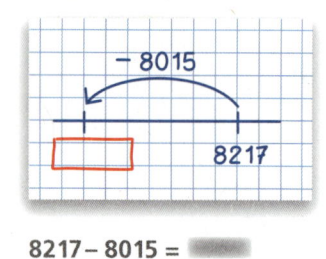

8217 – 8015 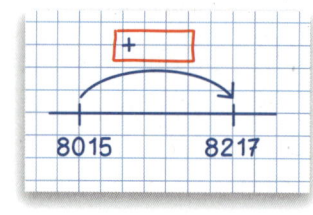 = ▭   8015 + ▭ = 8217 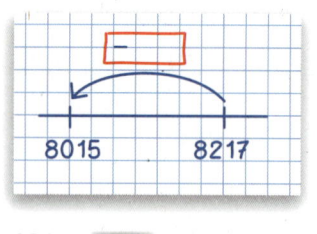   8217 – ▭ = 8015

a 806, 1350   b 3390, 5540   c 6940, 7108

d 3360, 83 880   e 20 079, 21 070   f 1805, 280 500

10 Rechne aus.

a 4503 – 999
   1327 – 999
   8417 – 995

b 25 703 – 1999
   49 650 – 2990
   84 130 – 9970

c 335 000 – 199 000
   621 000 – 295 000
   748 000 – 480 000

11 Ergänze die fehlenden Zahlen.

a 640 + ▬ =   720
   640 + ▬ =   3720
   6400 + ▬ = 7200
   6400 + ▬ = 57 200

b 830 + ▬ =   990
   83 000 + ▬ = 99 000
   99 900 – ▬ = 83 000
   99 990 – ▬ = 83 900

c 805 – ▬ =   798
   805 000 – ▬ = 798 000
   805 805 – ▬ = 798 798
   800 800 – ▬ = 798 798

12 Die Resultate der schwierigeren Subtraktionen lassen sich aus den Resultaten der einfacheren Subtraktionen ableiten.

Rechne aus. Beginne mit der einfachsten Rechnung.

a 42 461 – 46
   42 461 – 346
   42 461 –   6

b 57 097 – 27 130
   57 097 – 27 000
   57 097 – 27 100

c 320 609 – 48 000
   320 609 – 48 200
   320 609 – 50 000

d 39 000 – 17 000
   40 000 – 17 000
   39 000 – 16 800

e 8200 – 695
   98 200 – 695
   8200 – 700

f 62 000 – 2500
   61 960 – 2590
   62 000 – 2590

Routine

13 a Ergänze auf 100.

   59
   30
   18
   43

b Ergänze auf 1000.

   680
   340
   710
    20

c Ergänze auf 1000.

   150
   905
   620
   880

d Ergänze auf 10 000.

   2800
   5600
   9300
   1400

e Ergänze auf 100 000.

   11 000
   75 000
   46 000
   29 000

f Ergänze auf 1 000 000.

   360 000
   510 000
   703 000
   919 000

Zum Weiterdenken: S. 157, Aufgaben 7 bis 8

Schriftliche Subtraktion

Stellenweise ergänzen

1862 + ▒▒▒ = 3405

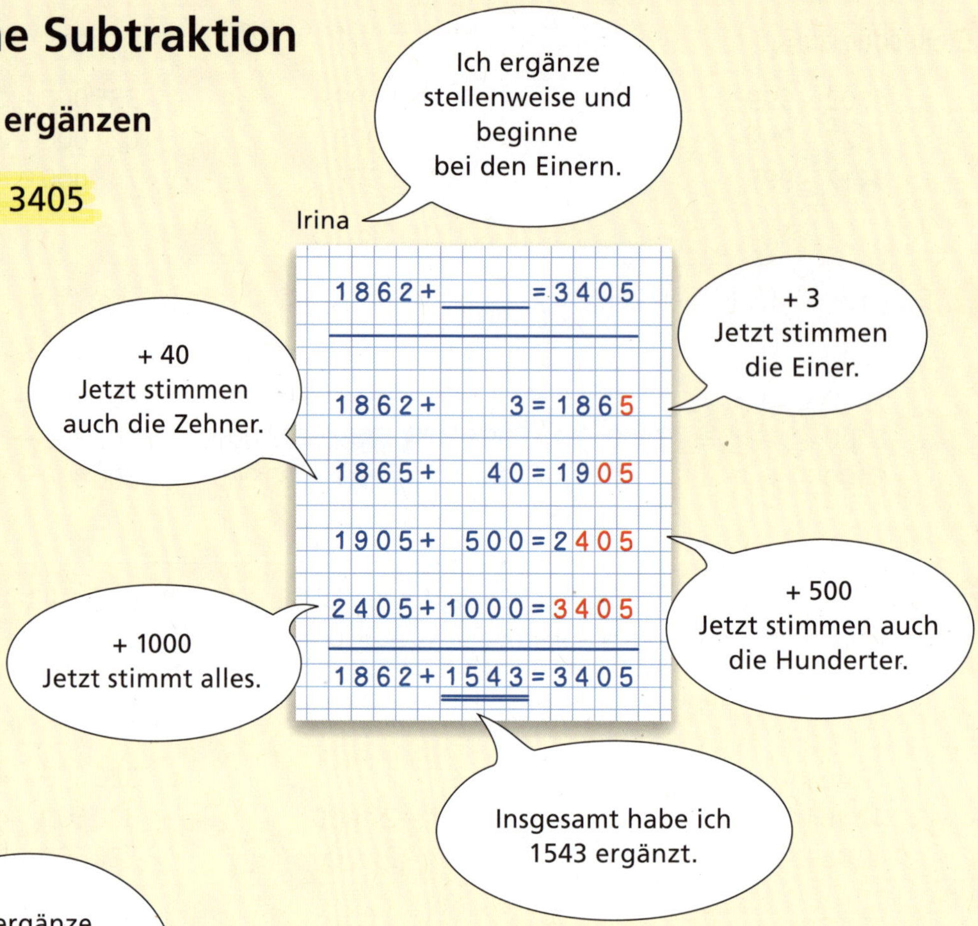

Irina: Ich ergänze stellenweise und beginne bei den Einern.

```
1862 +        = 3405

1862 +      3 = 1865
1865 +     40 = 1905
1905 +    500 = 2405
2405 +   1000 = 3405

1862 +   1543 = 3405
```

+ 3 Jetzt stimmen die Einer.
+ 40 Jetzt stimmen auch die Zehner.
+ 500 Jetzt stimmen auch die Hunderter.
+ 1000 Jetzt stimmt alles.

Insgesamt habe ich 1543 ergänzt.

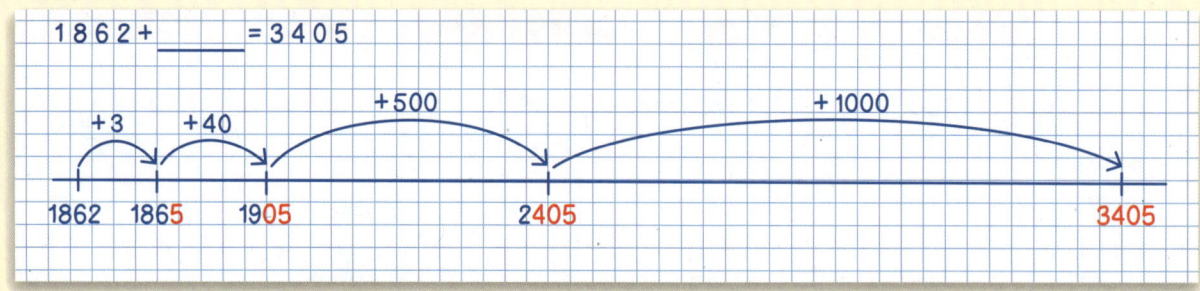

Fabio: Ich ergänze stellenweise und beginne bei den Einern.

1862 + ____ = 3405

+3, +40, +500, +1000

1862 · 1865 · 1905 · 2405 · 3405

---

1 Ergänze stellenweise. Beginne bei den Einern.

a) 3760 + ▒▒▒ = 8380   b) 4809 + ▒▒▒ = 6926

c) 474 + ▒▒▒ = 7000   d) 12 766 + ▒▒▒ = 58 000

e) 3058 + ▒▒▒ = 22 017   f) 51 057 + ▒▒▒ = 111 760

Das schriftliche Subtraktionsverfahren

5072 − 4238

▸ Schreibe die beiden Zahlen auf Häuschenpapier untereinander: Notiere oben die Zahl, von der du subtrahierst, und unten die Zahl, die subtrahiert werden soll. Schreibe die Einer der beiden Zahlen genau untereinander, die Zehner genau untereinander und so Stelle um Stelle weiter.

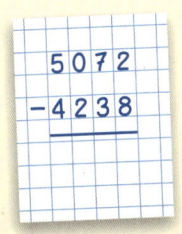

▸ Ergänze zuerst die Einer, dann die Zehner und dann Stelle um Stelle weiter.

8 + 4 = 12, schreibe 4, übertrage 1

1 + 3 = 4, 4 + 3 = 7, schreibe 3

2 + 8 = 10, schreibe 8, übertrage 1

1 + 4 = 5, 5 + 0 = 5. Jetzt bin ich fertig.

2 **Rechne schriftlich.**

a 2381 − 1247
b 6568 − 2395
c 3759 − 872
d 42 820 − 14 590
e 80 623 − 8450
f 51 046 − 27 605

Addition und Subtraktion **Schriftliche Subtraktion**

3 Rechne aus.

a 684 − 552

b 341 − 215

c 996 − 128

d 1839 − 1705

e 3164 − 2356

f 5090 − 961

g 61649 − 41256

h 70871 − 38491

i 33333 − 4137

4 Rechne aus.

a 8247 − 1172
   7433 − 415

b 6800 − 2737
   5195 − 3834

c 25 429 − 19 476
   55 004 − 48 913

d 67 453 − 5573
   47 718 − 16 532

e 841 542 − 315 041
   696 763 − 686 370

f 249 161 − 8116
   330 000 − 214 443

5 Bestimme die Differenz zwischen den beiden Zahlen.

a 1830, 7053
   4618, 3303

b 705, 4834
   9800, 7925

c 51 487, 73 237
   416, 84 880

d 36 409, 97 751
   83 048, 27 900

e 636 036, 508 819
   50 544, 737 098

f 225 567, 859 659
   123 000, 600 321

6 Wähle ein geeignetes Vorgehen (im Kopf rechnen, mit Notizen rechnen, schriftlich rechnen) und rechne aus.

a 7000 − 3060
   6002 − 5996
   8001 − 4955

b 57 947 − 48 869
   22 666 − 11 444
   36 914 − 30 904

c 900 300 − 750 100
   765 432 − 654 321
   505 329 − 409 674

d 3333 − 2111
   7772 − 4480
   5095 − 3093

e 60 470 − 76
   98 140 − 93 090
   59 616 − 39 600

f 666 333 − 333 666
   182 000 − 182
   992 992 − 992 928

7 Ersetze die Sternchen durch Ziffern, sodass korrekte Rechnungen entstehen.

a)   ****
 − 5817
   1419

b)   8202
 − ****
   5295

c)   *1*4
 − 2*7*
   3235

d)   90*0
 − *27*
   2*22

e)   990*
 − *853
   8**7

f)   714*2
 − 4*684
   *2*48

g)   50038
 − *****
   20209

h)   *053*
 − 26*58
   5*7*8

8 Stelle Ziffernkarten mit den Ziffern von 1 bis 8 her.

Bilde mit deinen Ziffernkarten zwei vierstellige Zahlen. Bestimme die Differenz zwischen den beiden Zahlen.

a) Welches ist die grösstmögliche Differenz?

b) Welches ist die kleinstmögliche Differenz?

c) Finde zwei Zahlen mit der Differenz 1234.

d) Finde zwei Zahlen mit der Differenz 3456.

e) Finde zwei Zahlen mit einer Differenz, die möglichst nahe bei 4500 liegt.

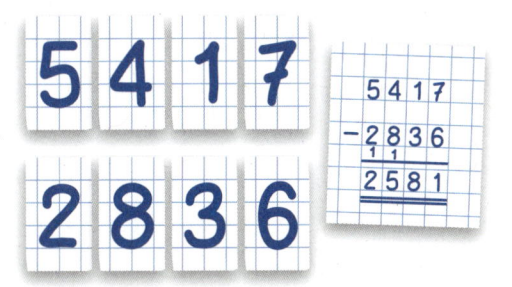

9 ANNI-Zahlen haben eine bestimmte Form.
2446, 6998, 5441, 7990, 3008, 1993, 8442 sind Beispiele für ANNI-Zahlen.
Die Buchstaben A, N und I stehen für drei verschiedene Ziffern.

a) Schreibe fünf weitere ANNI-Zahlen auf.

b) Welches ist die grösste ANNI-Zahl, welches die kleinste?

c) Wenn die Ziffern von ANNI-Zahlen in umgekehrter Reihenfolge notiert werden, entstehen INNA-Zahlen. Berechne die Differenz zwischen einer ANNI-Zahl und ihrer INNA-Zahl. Rechne fünf weitere solche Differenzen aus.

d) Die entstehenden Differenzen haben alle eine bestimmte Form. Beschreibe sie.

e) Versuche zu erklären, warum alle Differenzen diese Form haben.

Zum Weiterdenken: S. 158, Aufgaben 9 bis 10

Flexibel addieren und subtrahieren

Geschicktes Rechnen

Ich schaue mir zuerst die Zahlen an und überlege, wie ich rechnen will.

1 Rechne aus.

Überlege, in welcher Reihenfolge du die Zahlen verwenden willst.

Ich suche Zahlen, die gut zueinanderpassen.
39 + 31 = 70
75 + 25 = 100

a 39 + 39 + 75 + 31 + 25

b 166 + 266 + 366 + 234 + 134 + 34

c 1000 − 56 − 22 − 44 − 78

d 742 − 19 − 18 − 17 − 83 − 82 − 81

e 2650 + 265 − 51 − 65 + 151

f 458 − 174 + 387 + 176 − 385 − 358

2 Bestimme die Summe der Zahlen. Überlege zuerst, wie du vorgehen willst.

	a	b	c	d
	65	71	99	410
	15	18	298	190
	85	46	599	560
	95	19	293	240
	35	72	98	380

Additionen und Subtraktionen geschickt ausrechnen, Gleichungen vervollständigen

Gleichungen und Rechnungen

3 Bilde die vier passenden Gleichungen zur Rechnung.

a 70 + 35
b 215 − 50
c 230 + 770
d 1890 − 1870
e 6800 + 2600
f 21 600 − 3900

```
130 − 90
130 − 90 = 40
130 − 40 = 90
 90 + 40 = 130
 40 + 90 = 130
```

4 Welche Zahl ist abgedeckt? Zeichne deinen Rechenweg auf dem Rechenstrich oder schreibe ihn auf.

750 + ☐ = 1200

a
5280 + ☐ = 5400
40 300 + ☐ = 92 000
750 + ☐ = 17 000

b
3700 − ☐ = 1800
9450 − ☐ = 250
680 000 − ☐ = 641 000

c
☐ + 2600 = 6900
☐ + 4910 = 5020
☐ + 52 000 = 365 000

d
☐ − 235 = 5100
☐ − 3600 = 3900
☐ − 409 000 = 252 000

93

Addition und Subtraktion **Flexibel addieren und subtrahieren**

5 Addiere alle Zahlen. Überlege zuerst, welche Zahlen gut zueinanderpassen.

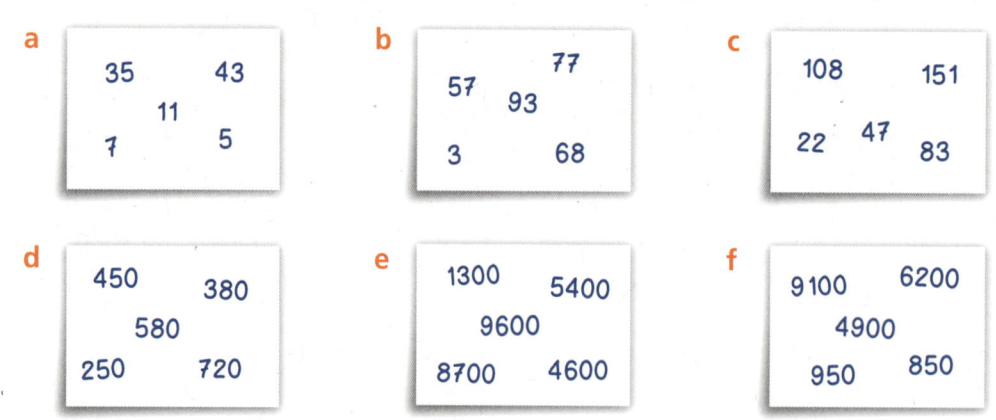

a 35 43 11 7 5

b 57 77 93 3 68

c 108 151 22 47 83

d 450 380 580 250 720

e 1300 5400 9600 8700 4600

f 9100 6200 4900 950 850

6 In der Rechenmaschine werden die eingegebenen Zahlen Schritt für Schritt verarbeitet.

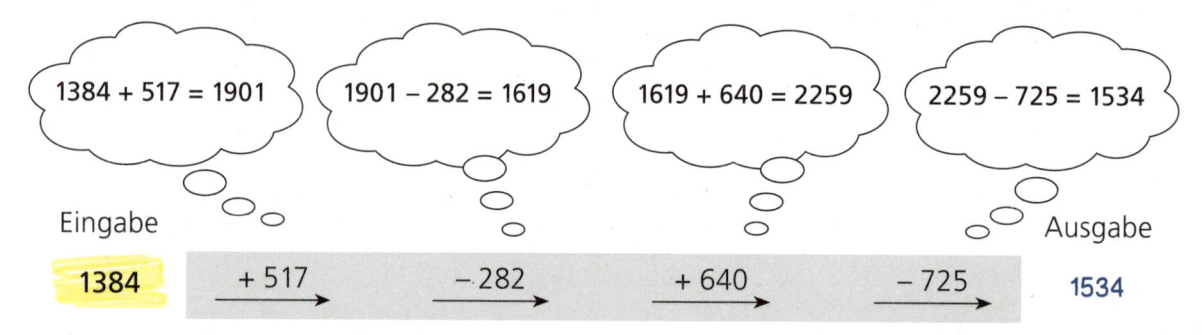

1384 + 517 = 1901   1901 − 282 = 1619   1619 + 640 = 2259   2259 − 725 = 1534

Eingabe   1384 →ˬ+ 517 → − 282 → + 640 → − 725   1534   Ausgabe

a Bestimme für die Eingabezahlen 2483, 7035 und 8920 die Ausgabezahlen.

b Wähle eigene Eingabezahlen und bestimme die Ausgabezahlen.

c Vergleiche die Eingabezahlen mit den Ausgabezahlen. Beschreibe, was dir auffällt. Versuche, deine Beobachtungen zu erklären.

d Welche Zahlen musst du eingeben, damit die Ausgabezahlen 1500, 3030 und 8850 herauskommen? Überprüfe deine Vermutung.

e Ersetze die Rechenmaschine durch eine einfachere Maschine. Diese muss bei jeder Eingabezahl die entsprechende Ausgabezahl liefern.

7 Im Flussdiagramm werden die eingegebenen Zahlen Schritt für Schritt verarbeitet. Bei den Feldern mit Fragen musst du den passenden Weg wählen.

a Bestimme für die Eingabezahlen 900, 1100, 1370 und 710 die Ausgabezahlen.

b Bestimme für die Eingabezahlen 1175 und 825 die Ausgabezahlen.

c Wähle eigene Eingabezahlen und bestimme die Ausgabezahlen.

d Finde drei Eingabezahlen, die zur Ausgabezahl 1003 führen.

e Finde alle Eingabezahlen, die nach genau zwei Rechenschritten zur Ausgabezahl 1002 führen.

f Finde drei Eingabezahlen, die nach genau vier Rechenschritten zur Ausgabezahl 1007 führen.

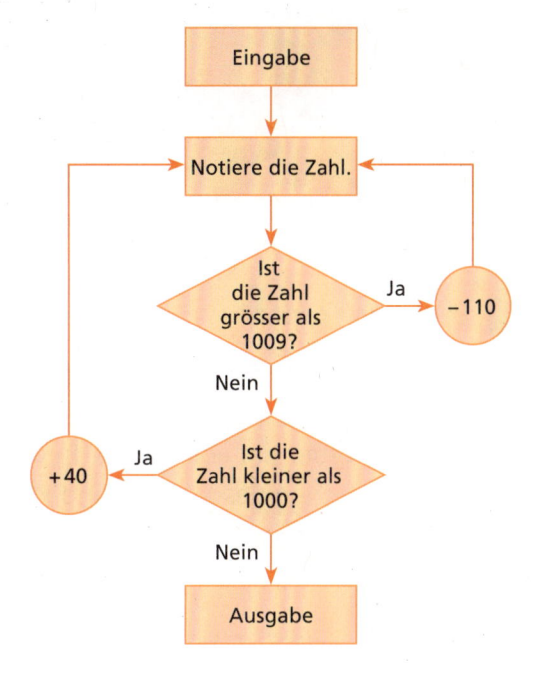

Routine

8 Rechne aus.

a	b	c	d	e
38 + 5	41 + 35	38 − 32	28 + 15	61 − 14
73 + 9	23 + 16	60 − 16	53 + 18	75 − 17
62 − 6	35 + 42	74 − 23	16 + 76	57 − 52
51 − 7	67 + 22	47 − 25	44 + 29	43 − 39

Zum Weiterdenken: S. 159, Aufgabe 11

Geometrie **Körper**

Körper

Zylinder · Quader · Würfel · Kugel · Pyramide · Kegel

1 Welcher Körper wird beschrieben?

a Der Körper kann rollen. Zwei Flächen sind Kreise.
b Mehrere Flächen des Körpers sind Dreiecke.
c Der Körper hat eine Spitze. Betrachtest du ihn von oben, siehst du einen Kreis.
d Alle Flächen des Körpers sind Rechtecke.

2 Welcher Körper wurde gezeichnet?

a von vorne: von hinten: von rechts: von links: von oben: von unten:

b von vorne: von hinten: von rechts: von links: von oben: von unten:

3 Welchem Körper sieht der Gegenstand ähnlich?

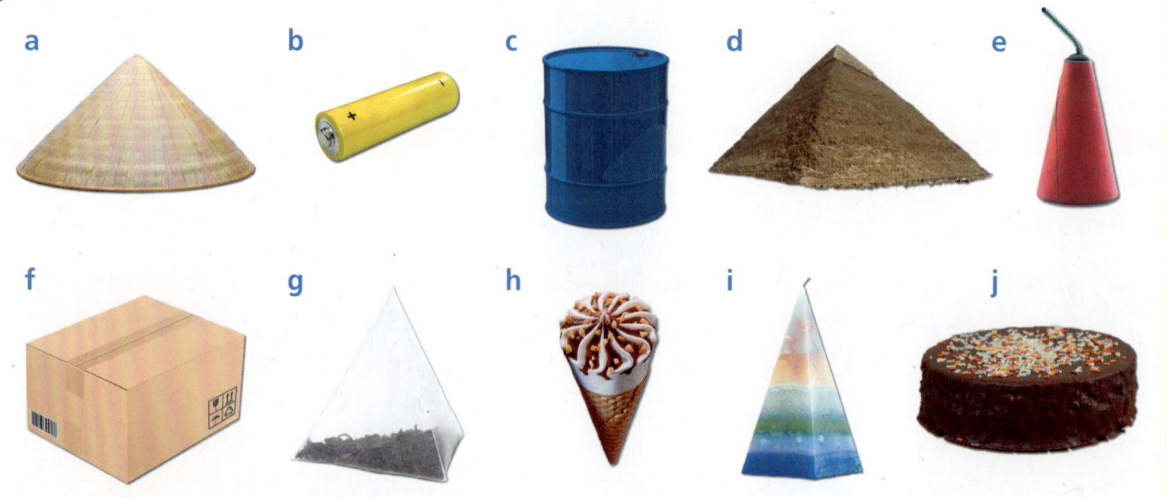

a b c d e

f g h i j

Körper erkennen und beschreiben, Netze zeichnen

Wenn du entlang der Kanten schneidest, erhältst du ein Netz des Körpers.

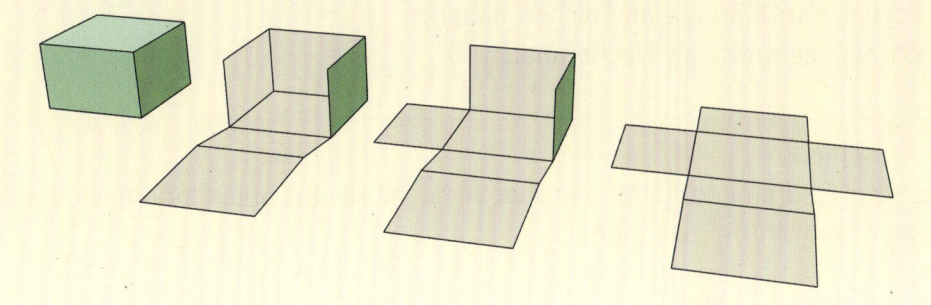

4 **Stelle Würfelnetze her.**

▸ Schneide sechs gleich grosse Quadrate aus festem Papier aus.
▸ Klebe die sechs Quadrate mit Klebestreifen so aneinander, dass du einen Würfel falten kannst.
▸ Zeichne dein Würfelnetz.
▸ Schneide die Klebestreifen so durch, dass du wieder die sechs Quadrate hast.
▸ Finde möglichst viele Varianten, wie du die sechs Quadrate zu einem Würfelnetz zusammenkleben kannst. Zeichne sie.

5 **Stelle Quadernetze her.**

▸ Schneide Rechtecke mit den vorgegebenen Längen aus festem Papier aus.

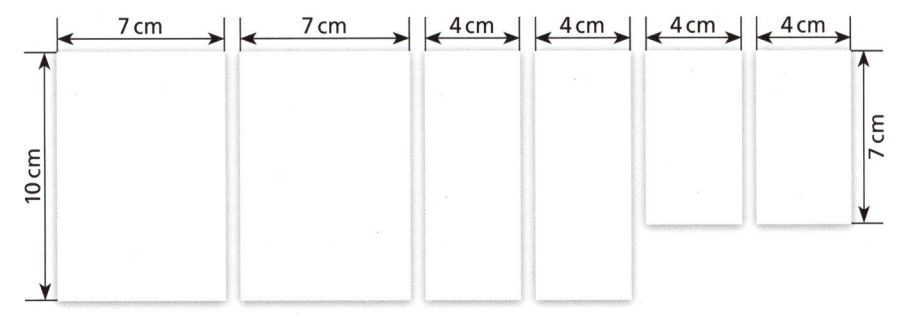

| 7 cm | 7 cm | 4 cm | 4 cm | 4 cm | 4 cm |

10 cm
7 cm

▸ Klebe die sechs Rechtecke mit Klebestreifen so aneinander, dass du einen Quader falten kannst.
▸ Zeichne dein Quadernetz.
▸ Schneide die Klebestreifen so durch, dass du wieder die sechs Rechtecke hast.
▸ Finde mehrere Varianten, wie du die sechs Rechtecke zu einem Quadernetz zusammenkleben kannst. Zeichne sie.

Geometrie **Körper**

6 a Nenne Körper, die Dreiecke als Flächen haben.
     b Nenne Körper, die Quadrate als Flächen haben.
     c Nenne Körper, die Kreise als Flächen haben.

7 Ist das ein Würfelnetz?
     Stell dir die Figur zusammengefaltet vor oder versuche sie aus aneinandergeklebten Quadraten zu einem Würfel zu falten.

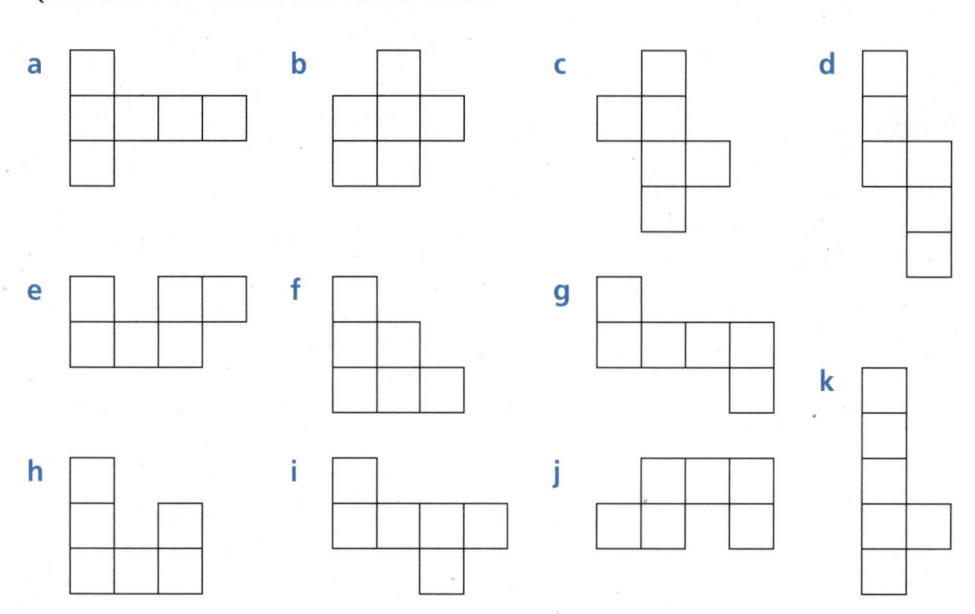

a   b   c   d

e   f   g

         k

h   i   j

8 Ist das ein Quadernetz?
     Stell dir die Figur zusammengefaltet vor oder versuche sie aus aneinandergeklebten Rechtecken zu einem Quader zu falten.

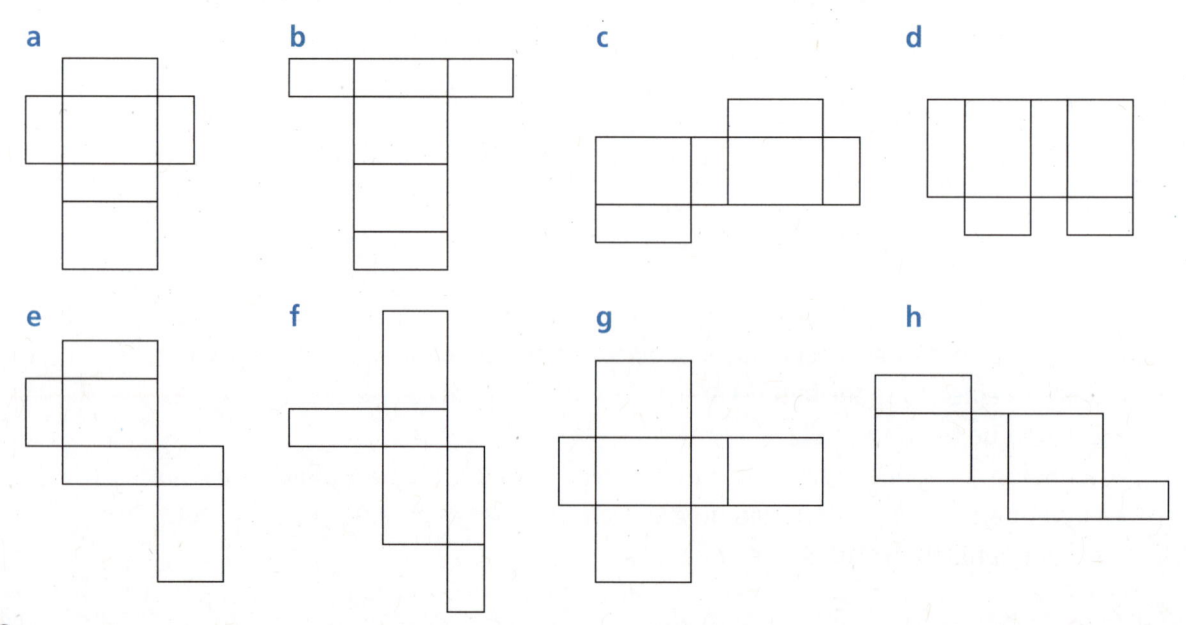

a   b   c   d

e   f   g   h

9 Welche Körper kannst du aus den Papierstücken falten?
Ordne die Zahlen den Buchstaben zu.

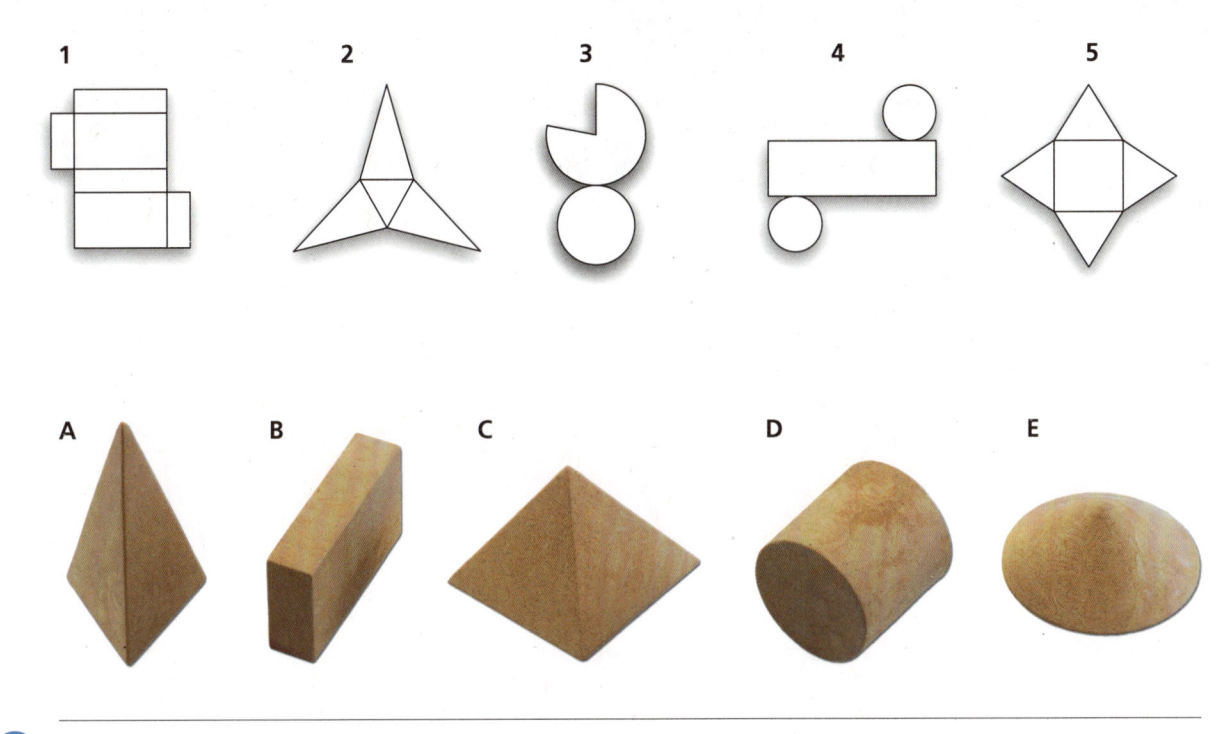

1   2   3   4   5

A   B   C   D   E

10 Welches Netz gehört zu welchem Haus? Ordne die Zahlen den Buchstaben zu.

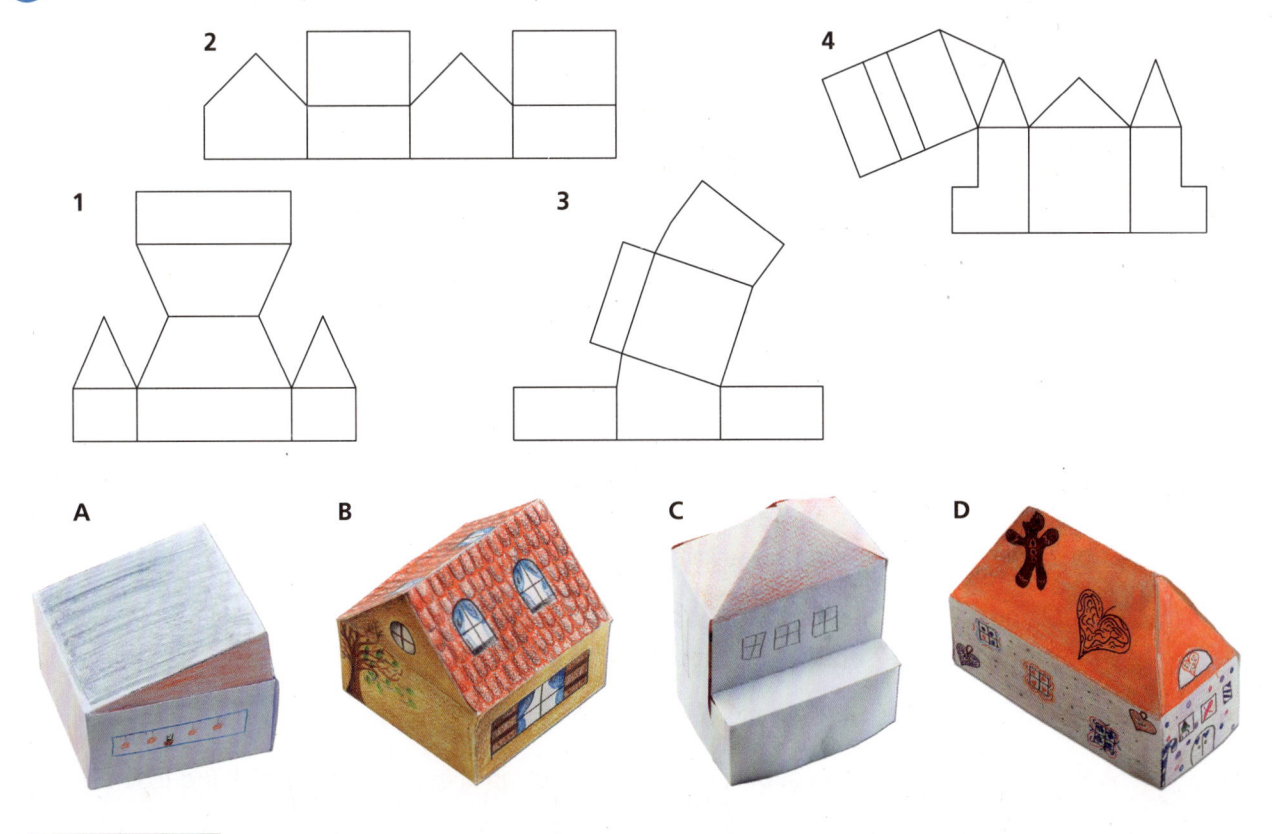

2   4

1   3

A   B   C   D

Zum Weiterdenken: S. 170 und 171, Aufgaben 5 bis 7

Grössen und Daten   Textaufgaben

Textaufgaben

Preisschilder am Marktstand:
- Bananen 3.60 Fr./kg
- Feigen pro Stück 1.10 Fr.
- Äpfel 2.50 Fr./kg
- Zitronen pro Stück 0.90 Fr.
- Brombeeren 100g-Schale 3.20 Fr.
- Himbeeren 200g-Schale 6.80 Fr.
- Heidelbeeren 1 Schale 5.70 Fr.
- Erdbeeren 500g-Schale 7.00 Fr.
- Johannisbeeren 1 Schale 7.20 Fr.

1 **Am Marktstand sind Preistabellen hilfreich.**

Erstelle für fünf Produkte je eine Preistabelle. Notiere mindestens fünf Angaben.

Brombeeren		Heidelbeeren	
Gewicht	Preis	Anzahl Schalen	Preis
100 g	3.20 Fr.	1	5.70 Fr.
200 g	6.40 Fr.	2	
300 g	9.60 Fr.	3	
400 g	12.80 Fr.	4	
500 g	16.00 Fr.	5	

2 **Einkäufe am Marktstand**

a Herr Marino kauft 100 g Brombeeren und 1 kg Bananen ein.
Er bezahlt mit einer 10-Franken-Note. Wie viel Wechselgeld bekommt er?

b Frau Lauber kauft 5 Schalen Erdbeeren, 1 Schale Johannisbeeren und 2 kg Bananen.
Kann sie sich noch 2 Zitronen leisten, wenn sie mit einer 50-Franken-Note bezahlt?

c Frau Petrow bezahlt 13.60 Fr. Was könnte sie gekauft haben?

d Schreibe zwei weitere Aufgaben für den Einkauf an diesem Marktstand und löse sie.

Textaufgaben erschliessen und lösen

3 **In der Schule werden Hüllen für Mobiltelefone aus zwei gleichen Stoffstücken genäht.**

Die Nähte sollen 1 cm vom Stoffrand entfernt genäht werden. Für den Saum bei der Hüllenöffnung braucht es 2 cm 5 mm Stoff. Zeichne eine Skizze und trage alle Massangaben ein.

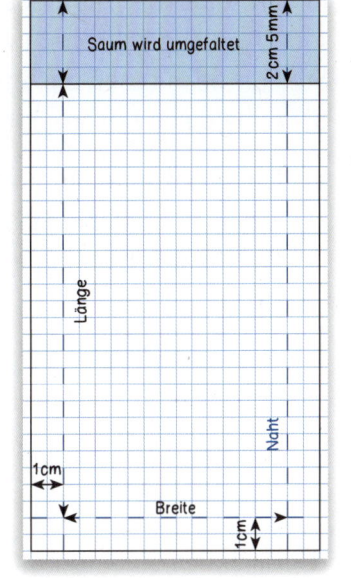

a Irinas Hülle soll 14 cm lang und 8 cm 5 mm breit werden. Wie gross müssen die beiden Stoffstücke sein?

b Laurins Hülle soll 13 cm lang und 7 cm breit werden. Wie gross müssen die beiden Stoffstücke sein?

4 **Alex möchte ein Foto auf einen Karton kleben.**

Das Foto ist 13 cm breit und 19 cm lang.
Er plant seine Arbeit mit einer Skizze.

a Wie lang und wie breit muss der Karton sein, wenn das Foto einen Rahmen von 3 cm Breite haben soll?

b Dass sein Foto besser zur Geltung kommt, will Alex vier farbige Kartonstreifen so aufkleben, wie er sie in der Skizze eingezeichnet hat. Der aufgeklebte Rahmen soll das Foto an jedem Rand 5 mm überdecken. Wie lang und wie breit müssen die Kartonstreifen für den Rahmen sein?

c Alex könnte die Kartonstreifen auch anders schneiden. Finde eine weitere Möglichkeit. Zeichne sie auf und berechne die Längen der Streifen.

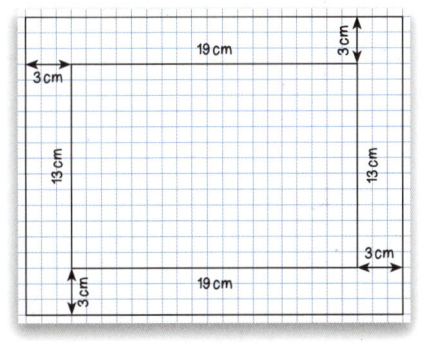

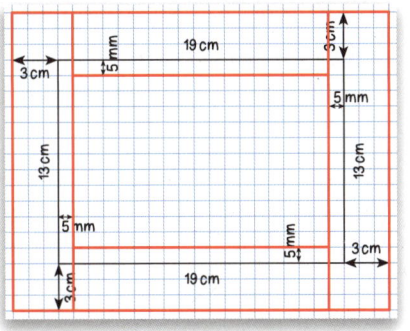

d Ria möchte einen ähnlichen Bilderrahmen wie Alex herstellen. Der aufgeklebte Rahmen rund um das Bild soll je 5 cm breit sein. Ihr Bild ist 20 cm breit und 30 cm lang und soll an jedem Rand 1 cm überdeckt werden. Wie lang und wie breit müssen Rias Kartonstreifen sein?

Grössen und Daten   Textaufgaben

5 In den folgenden Aufgaben kommen nur die Zahlen 6 und 24 vor.
Jede Aufgabe beschreibt eine andere Situation.
Stell dir beim Lesen die Situation vor. Eine Skizze kann dir helfen.
Schreibe deine Rechnungen auf und beantworte die Fragen.

a Für ein Fest stehen 24 Stühle bereit.
Nachdem sich alle Gäste gesetzt haben, bleiben 6 Stühle ungenutzt.
Wie viele Personen nehmen am Fest teil?

b Unter den Gästen befinden sich 6 kleine Kinder.
Auf ihre Stühle werden Kissen gelegt.
Wie viele der 24 Stühle bleiben ohne Kissen?

c Die 24 Stühle werden gleichmässig um 6 Tische gestellt.
Wie viele Stühle stehen an jedem Tisch?

d Nach dem Fest muss der Raum geputzt werden.
Wie viele Stapel gibt es, wenn die 24 Stühle in Stapeln von je 6 aufeinandergestellt werden?

e In einem Restaurant gibt es 24 Tische. Um jeden Tisch stehen 6 Stühle.
Wie viele Gäste können in diesem Restaurant maximal einen Sitzplatz finden?

f In einem Saal befinden sich 24 Personen.
Nachdem sich alle gesetzt haben, bleiben 6 Stühle ungenutzt.
Wie viele Stühle stehen im Saal?

g Für eine Aufführung werden 6 Reihen mit je 24 Stühlen aufgestellt.
Wie viele Stühle sind das im Ganzen?

h Für eine Aufführung werden 24 Stühle in 6 Reihen aufgestellt.
Wie viele Stühle stehen in jeder Reihe?

i An zwei Tischen stehen insgesamt 24 Stühle, am grösseren Tisch 6 mehr als am kleineren.
Wie viele Stühle stehen am kleineren Tisch?

6 Schreibe vier Textaufgaben, in denen nur die Zahlen 7 und 21 vorkommen.
Notiere eigene Fragen, die du mit unterschiedlichen Rechnungen löst.
Schreibe deine Rechenwege auf.

7 a Frau Beeler kauft 1 kg Äpfel für 4.20 Fr.
   Wie viel kosten 2 kg Äpfel der gleichen Sorte?
   Wie viel kosten 4 kg Äpfel der gleichen Sorte?

   b Ein Glas Konfitüre wiegt 590 g.
   Wie schwer sind 2 Gläser Konfitüre?
   Wie viel wiegen 4 Gläser Konfitüre?

   c 1 Karton mit 6 Flaschen Traubensaft kostet 16.40 Fr.
   Wie viel kosten 2 Kartons?
   Wie viel kosten 24 Flaschen?

   d Herr Kostic fährt zum Einkaufszentrum. Die Strecke misst 3 km 600 m.
   Wie lang ist die Strecke hin und zurück?
   Wie viele Kilometer legt er zurück, wenn er die Strecke zweimal hin- und zurückfährt?

   e Was fällt dir auf, wenn du deine Rechenwege zu den Aufgaben a bis d vergleichst?

   f Erfinde zwei weitere ähnliche Aufgaben.

8 a Drei Kollegen kaufen Brötchen für 4.50 Fr., Schokolade für 1.60 Fr. und Getränke
   für 5.90 Fr. Die Kosten verteilen sie gleichmässig untereinander.
   Wie viel hat jeder zu bezahlen?

   b Familie Giger sammelt Beeren. Der Vater findet 85 g, die Mutter 125 g und die
   Tochter 90 g. Sie füllen alle Beeren in eine Schale und verteilen sie dann gleichmässig
   untereinander.
   Wie viele Gramm Beeren bekommt jede Person?

   c Eine Läuferin trainiert am Montag 40 min, am Mittwoch 60 min und am Freitag
   1 h 20 min. Ihr Trainer rät ihr, die Trainingszeiten gleichmässig auf die drei Tage zu
   verteilen.
   Wie lange dauert ein Training pro Tag, wenn die Läuferin den Rat befolgt?

   d Jael mixt einen Drink. Sie giesst 60 cl Orangensaft, 25 cl Grapefruitsaft und
   5 cl Himbeersirup zusammen. Den Drink verteilt sie gleichmässig auf drei Gläser.
   Wie viel enthält jedes Glas?

   e Was fällt dir auf, wenn du deine Rechenwege zu den Aufgaben a bis d vergleichst?

   f Erfinde zwei weitere ähnliche Aufgaben.

Zum Weiterdenken: S. 178, Aufgaben 6 bis 8

Rechenstrategien Multiplikation

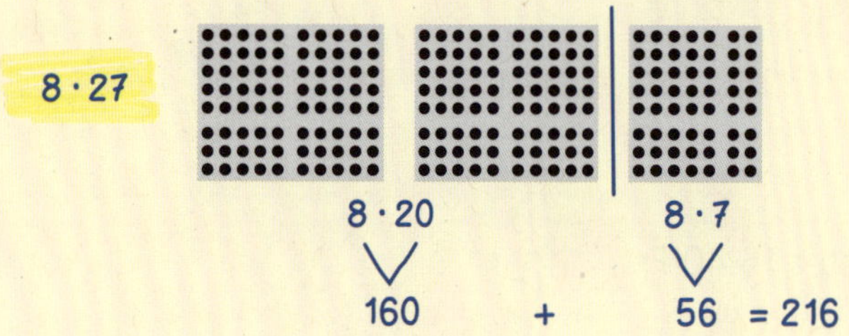

8 · 27

8 · 20   8 · 7
160   +   56   = 216

Verteilungsgesetz (Distributivgesetz)
Beim Multiplizieren kann ein Faktor in Summanden zerlegt werden.
Die Summanden können einzeln mit dem anderen Faktor multipliziert und
die Produkte dieser Multiplikationen addiert werden.

1 Rechne aus. Zeichne oder schreibe deinen Rechenweg auf.

a 8 · 82   b 4 · 167

2 6 · 149

a Rechne aus.
Zeichne oder schreibe deinen Rechenweg auf.

b Auch das sind Rechenwege zu 6 · 149.
Ist einer der Rechenwege von Lena, Laurin,
Onur, Nico oder Svenja ähnlich wie dein
Rechenweg?

Onur
6 · 150 = 600 + 300 = 900
6 · 1 = 6
900 − 6 = 894

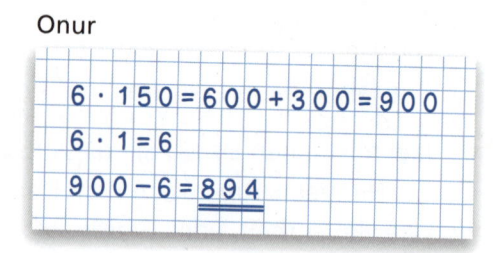

Lena
6 · 149 =
6 · 100 = 600
6 · 40 = 240
6 ·   9 = 54
         894

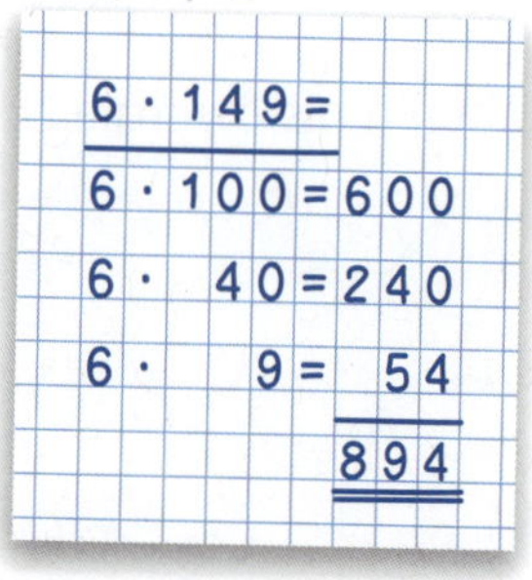

Laurin
6 · 100   6 · 40   6 · 9
 600   +   240   +   54   = 840 + 54 = 894

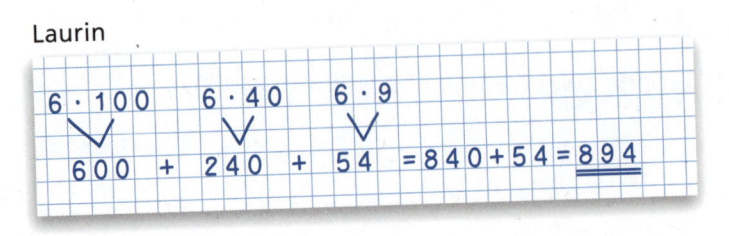

Rechenwege zu Multiplikationen aufschreiben oder zeichnen

Nico

```
 149
 149
  1
 298
 149
  11
 447
 149
 596
 149
  11
 745
 149
  1
 894
```

Svenja: Es sind insgesamt 894 Einerwürfel.

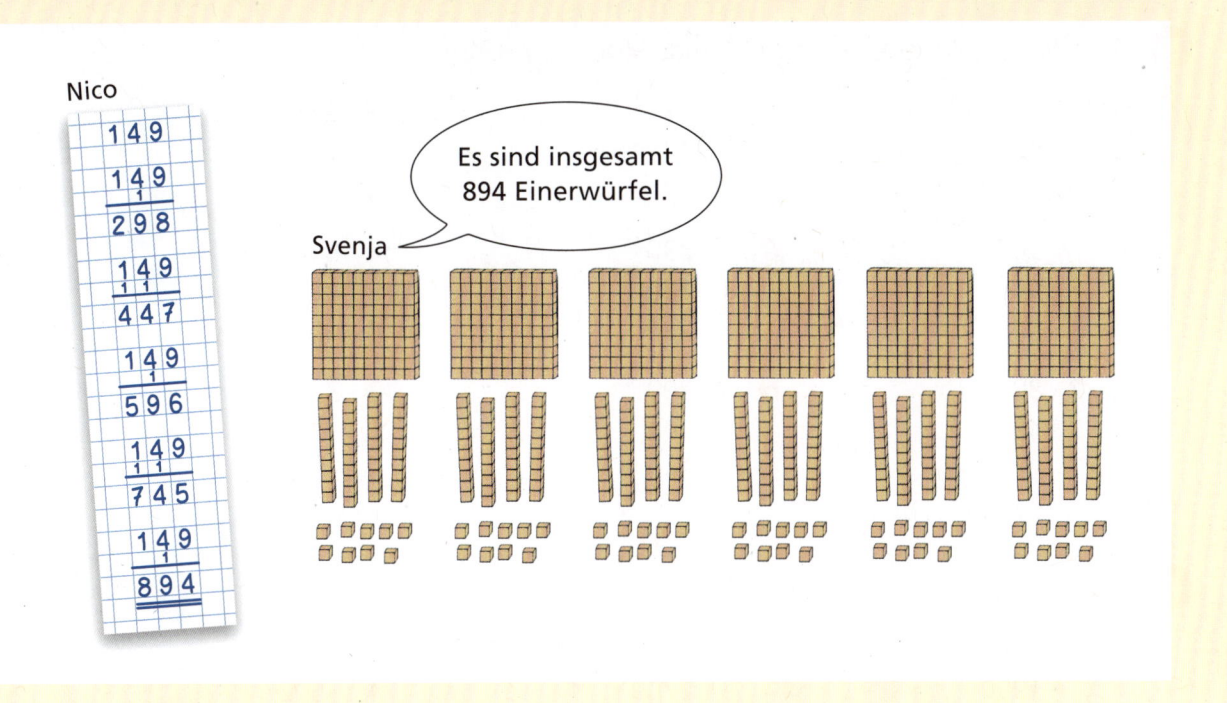

3 Rechne aus. Zeichne oder schreibe deinen Rechenweg auf.

a 7 · 99   b 9 · 273   c 6 · 1632

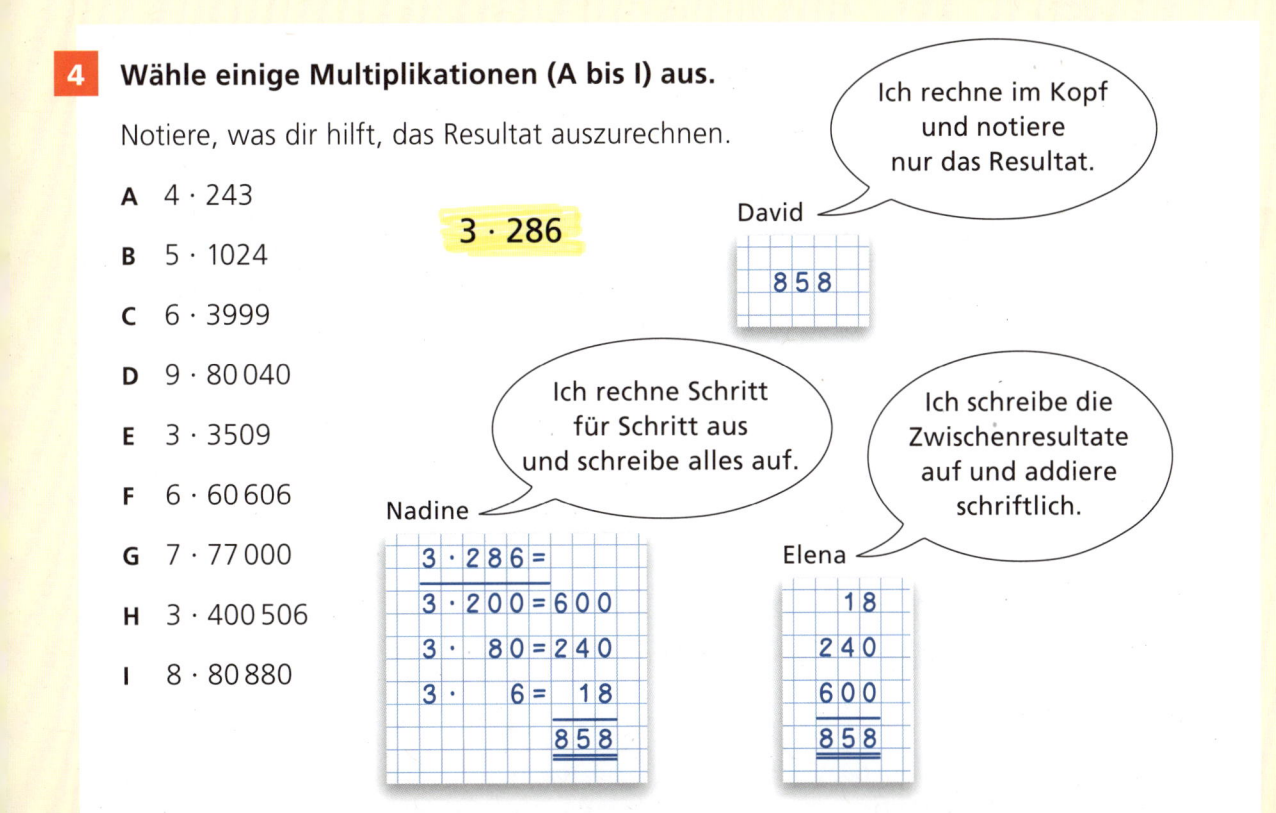

4 Wähle einige Multiplikationen (A bis I) aus.

Notiere, was dir hilft, das Resultat auszurechnen.

A 4 · 243
B 5 · 1024
C 6 · 3999
D 9 · 80 040
E 3 · 3509
F 6 · 60 606
G 7 · 77 000
H 3 · 400 506
I 8 · 80 880

3 · 286

David: Ich rechne im Kopf und notiere nur das Resultat.

858

Nadine: Ich rechne Schritt für Schritt aus und schreibe alles auf.

```
3 · 286 =
3 · 200 = 600
3 ·  80 = 240
3 ·   6 =  18
          858
```

Elena: Ich schreibe die Zwischenresultate auf und addiere schriftlich.

```
  18
 240
 600
 858
```

105

5 Rechne aus. Notiere, was dir hilft, das Resultat auszurechnen.

a 3 · 51
6 · 51
9 · 51

b 4 · 47
5 · 47
6 · 47

c 2 · 98
3 · 98
4 · 98

d 7 · 905
8 · 905
9 · 905

e 2 · 230
4 · 230
8 · 230

f 8 · 809
8 · 890
8 · 908

g 7 · 804
7 · 430
7 · 290

h 9 · 309
5 · 608
3 · 340

i 3 · 335
6 · 335
9 · 335

6 Rechne aus. Notiere, was dir hilft, das Resultat auszurechnen.

a 5 · 1090
5 · 1990
5 · 1909

b 3 · 2709
9 · 2709
2 · 2709

c 4 · 2505
4 · 5502
4 · 5025

d 7 · 60 606
7 · 60 660
7 · 66 600

e 2 · 10 702
4 · 17 002
5 · 10 720

f 3 · 81 200
3 · 80 120
3 · 80 012

g 6 · 30 360
6 · 63 300
6 · 30 036

h 4 · 250 800
6 · 250 800
8 · 250 800

i 3 · 693 000
6 · 693 000
9 · 693 000

7 Welche der Zahlen im Kasten liegt am nächsten beim Resultat der Multiplikation?

0	100	200	300	400	500	600	700	800	900	1000
	1500	2000	2500	3000	3500	4000	4500	5000		

a 9 · 13
b 3 · 817
c 5 · 689

d 6 · 151
e 4 · 74
f 2 · 752

g 6 · 32
h 2 · 492
i 3 · 268

j 5 · 597
k 2 · 391
l 5 · 181

m 5 · 99
n 3 · 329
o 5 · 992

p 6 · 670
q 8 · 370
r 7 · 59

8 Finde einen Rechenweg, um diese Multiplikationen auszurechnen.
Rechne aus.
Zeichne oder schreibe deinen Rechenweg auf.

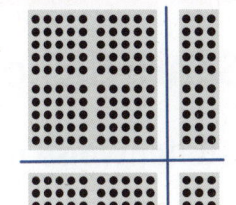

a 80 · 705
   70 · 815
   30 · 970

b 30 · 170
   20 · 363
   40 · 275

c 13 · 11
   13 · 13
   17 · 14

d 15 · 130
   15 · 230
   45 · 230

9 Schreibe deine Rechnungen auf und beantworte die Fragen.

a In einem Hotel mit 120 Zimmern werden die Fenster geputzt.
   Jedes Zimmer hat 4 Fenster. Jedes Fenster hat 8 kleine Fensterscheiben.
   Wie viele Fensterflächen müssen geputzt werden,
   wenn die Fenster von innen und aussen geputzt werden?

b Auf einem Tisch stehen 13 Türmchen aus je 5 2-Franken-Münzen.
   Daneben liegen noch 2 einzelne 2-Franken-Münzen.
   Wie viel Geld ist insgesamt auf dem Tisch?

c Eine Bäckerei hat der Schule 8 Kuchen geschenkt.
   Jeder Kuchen ist bereits in 12 Stücke geschnitten.
   Da die Kuchenstücke nicht für alle Kinder der Schule reichen,
   teilen sich je 2 Kinder ein Kuchenstück.
   Wie viele Kinder haben Kuchen gegessen,
   wenn am Schluss 1 Stück übrig bleibt?

Routine

10 Verdopple.

a 350
   230
   820

b 3200
   4700
   6100

c 26 000
   45 000
   54 000

d 420 000
   330 000
   180 000

11 Verdopple.

a 840
   780
   530

b 6800
   9300
   7600

c 37 000
   65 000
   59 000

d 460 000
   510 000
   290 000

Zum Weiterdenken: S. 162, Aufgaben 9 bis 10

Schriftliche Multiplikation

Stellenweise multiplizieren

8 · 9537

Stellenwertkarten	Teilrechnungen	
9537 7 30 500 9000	8 · 7 = 56 8 · 30 = 240 8 · 500 = 4000 8 · 9000 = 72 000	Einer: 8 · 7 = 56 Zehner: 8 · 3 = 24 Hunderter: 8 · 5 = 40 Tausender: 8 · 9 = 72

Die Teilrechnungen können mehr oder weniger ausführlich aufgeschrieben werden.
Statt einer Stellenwerttabelle eignet sich auch Häuschenpapier zum Multiplizieren.

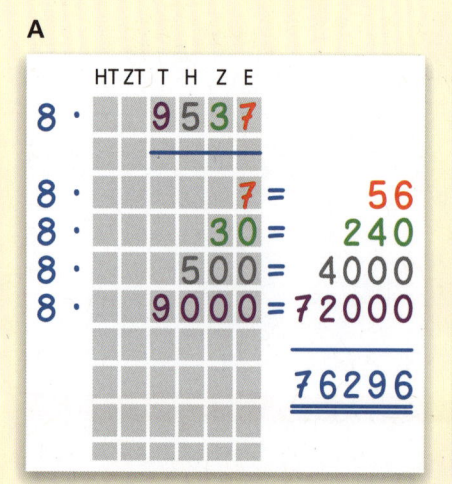

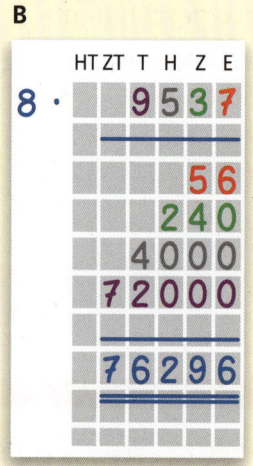

A

HT	ZT	T	H	Z	E
8 ·		9	5	3	7
8 ·					7 = 56
8 ·				30 =	240
8 ·			500 =	4000	
8 ·		9000 =	72000		
			76296		

B

HT	ZT	T	H	Z	E
8 ·		9	5	3	7
					56
				240	
			4000		
		72000			
		76296			

C
```
8 · 9537
      56
     24
    40
   72
   76296
```

D
```
8 · 9537
   4 2 5
   76296
```

E
```
8 · 9537
   76296
```

1 Rechne aus.

Schreibe die Multiplikationen auf Häuschenpapier. Notiere die Teilrechnungen so, dass sie für dich übersichtlich sind. Nutze dabei die Häuschen.

a) 8 · 123
   5 · 123
   3 · 123

b) 8 · 543
   6 · 543
   2 · 543

c) 5 · 1963
   3 · 1963
   2 · 1963

d) 3 · 47 812
   6 · 47 812
   9 · 47 812

Das schriftliche Multiplikationsverfahren
7 · 3605

▸ Schreibe die beiden Faktoren auf Häuschenpapier.

▸ Multipliziere zuerst die Einer, dann die Zehner und dann Stelle um Stelle weiter.

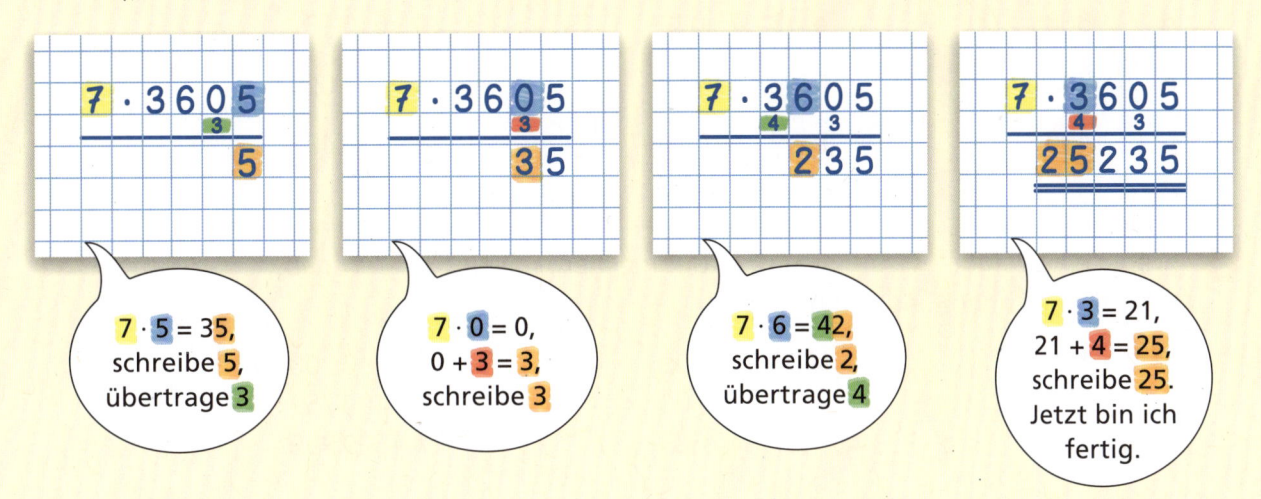

7 · 5 = 35,
schreibe 5,
übertrage 3

7 · 0 = 0,
0 + 3 = 3,
schreibe 3

7 · 6 = 42,
schreibe 2,
übertrage 4

7 · 3 = 21,
21 + 4 = 25,
schreibe 25.
Jetzt bin ich fertig.

2 Rechne schriftlich.

a 3 · 604
b 9 · 710
c 6 · 909
d 8 · 7066
e 7 · 3059
f 4 · 7790

3 Rechne schriftlich.

a 9 · 2552
b 7 · 6038
c 4 · 3689
d 6 · 20849
e 2 · 67035
f 3 · 52571

4 Rechne aus.

a) 4 · 521 b) 3 · 742 c) 6 · 527
d) 4 · 9122 e) 3 · 5329 f) 6 · 8860
g) 2 · 84'143 h) 4 · 72'191 i) 3 · 62'925

5 Rechne aus.

a) 3 · 7097 b) 4 · 8923 c) 7 · 1423
d) 9 · 6585 e) 8 · 75 089 f) 6 · 61 513
g) 5 · 74 982 h) 2 · 61 728 i) 8 · 123 059
j) 6 · 456 311 k) 9 · 577 809 l) 4 · 756 487

6 Wähle ein geeignetes Vorgehen (im Kopf rechnen, mit Notizen rechnen, schriftlich rechnen) und rechne aus.

a) 6 · 1111 b) 3 · 60 003 c) 4 · 110 200
   5 · 9955   8 · 12 500   2 · 490 759
   4 · 2499   7 · 40 683   7 · 599 999

d) 3 · 1568 e) 8 · 46 702 f) 4 · 149 998
   5 · 1212   8 · 25 000   2 · 420 011
   6 · 1015   6 · 60 150   6 · 506 782

7 Welche Resultate (A bis H) sind falsch? Rechne die Multiplikationen mit falschem Resultat richtig aus.

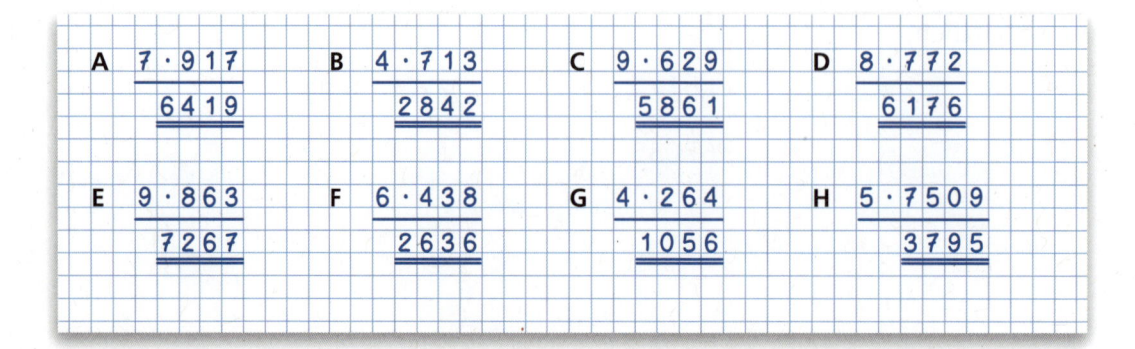

A) 7 · 917 = 6419
B) 4 · 713 = 2842
C) 9 · 629 = 5861
D) 8 · 772 = 6176
E) 9 · 863 = 7267
F) 6 · 438 = 2636
G) 4 · 264 = 1056
H) 5 · 7509 = 3795

8 Multipliziere mit Monsterzahlen.

    a 8 · 154 320 987   **b** 7 · 79 349 253 873   **c** 6 · 187 055 742 611 298

    d Schreibe eine eigene Multiplikation mit einer Monsterzahl auf und rechne sie aus.

9 Rechne aus. Was stellst du beim Betrachten der Resultate fest?

    a 9 · 12 =   **b** 7 · 15 873 =
        9 · 123 =   **c** 8 · 95 679 =
        9 · 1234 =   **d** 4 · 191 358 =
        9 · 12 345 =   **e** 3 · 218 107 =
        9 · 123 456 =   **f** 9 · 13 717 421 =

10 Rechne die Multiplikation aus, deren Resultat …

    a zwischen 7000 und 8000 liegt.   9 · 791   5 · 1675   7 · 999

    b zwischen 5500 und 6500 liegt.   6 · 892   7 · 969   9 · 631

    c zwischen 45 000 und 55 000 liegt.   4 · 15 230   4 · 11 999   6 · 9766

    d zwischen 250 000 und 275 000 liegt.   5 · 49 990   8 · 33 990   6 · 48 987

11 Wähle ein geeignetes Vorgehen (im Kopf rechnen, mit Notizen rechnen, schriftlich rechnen) und rechne aus. Jedes Resultat entspricht einer Zahl im Kasten.

    a 2 · 6029   **b** 4 · 2552   **c** 7 · 1862
        5 · 2900   3 · 3995   8 · 1508
        6 · 2500   8 · 1860   6 · 1965
        7 · 2109   9 · 1650   4 · 3024

10 208	11 790	11 985	12 058	12 064	12 096
13 034	14 500	14 763	14 850	14 880	15 000

Zum Weiterdenken: S. 163, Aufgaben 11 bis 12

Rechenstrategien Division

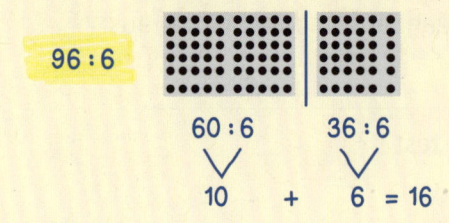

96 : 6

60 : 6   36 : 6
  10   +   6 = 16

Verteilungsgesetz (Distributivgesetz)
Beim Dividieren kann die Zahl, die geteilt werden soll, in Summanden zerlegt werden. Die Summanden können einzeln dividiert und die Resultate dieser Divisionen addiert werden.

1 Rechne aus. Zeichne oder schreibe deinen Rechenweg auf.

a 78 : 6   b 378 : 3

2 **2772 : 4**

a Rechne aus. Zeichne oder schreibe deinen Rechenweg auf.

b Auch das sind Rechenwege zu 2772 : 4.
   Ist einer der Rechenweg von Julian, Lena, Nadine oder David ähnlich wie dein Rechenweg?

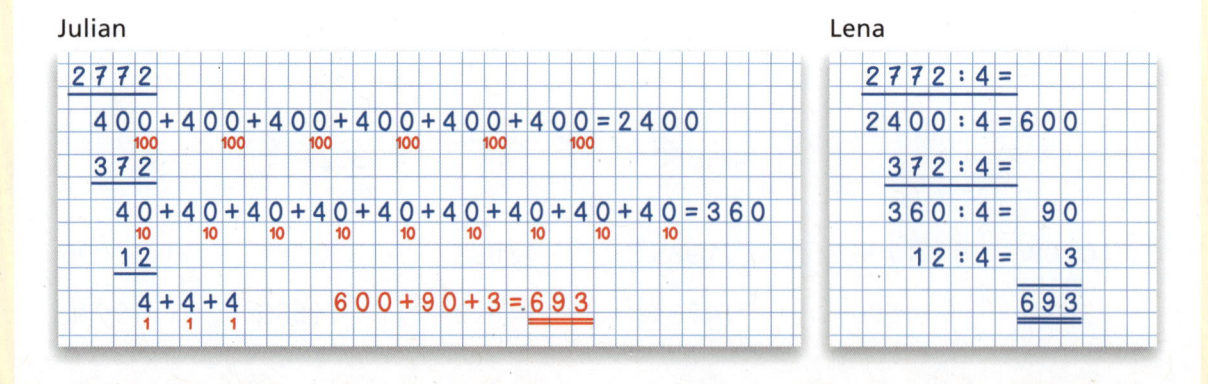

Julian

2772
400+400+400+400+400+400=2400
 100   100   100   100   100   100
372
40+40+40+40+40+40+40+40+40=360
10 10 10 10 10 10 10 10 10
12
4+4+4   600+90+3=693
1 1 1

Lena

2772 : 4 =
2400 : 4 = 600
372 : 4 =
360 : 4 =   90
 12 : 4 =   3
           693

Rechenwege zu Divisionen aufschreiben oder zeichnen

Nadine

```
2772 : 4 =
 72 : 4        40 : 4 = 10
               32 : 4 =  8
700 : 4       400 : 4 = 100
              300 : 4 =  75
2000 : 4 = 500
18 + 175 + 500 = 693
```

David

```
2772 : 4 =
2772 + 28 = 2800
2800 : 4 = 700
  28 : 4 =   7
 700 - 7 = 693
```

3 Rechne aus. Zeichne oder schreibe deinen Rechenweg auf.

a 273 : 7   b 4800 : 5   c 2580 : 6

4 Wähle einige Divisionen (A bis I) aus.

Notiere, was dir hilft, das Resultat auszurechnen.

A 1527 : 3
B 2030 : 7
C 2350 : 5
D 5060 : 5
E 2840 : 4
F 21 490 : 7
G 64 072 : 8
H 18 128 : 2
I 405 009 : 3

2282 : 7

Fabio

```
2282 : 7 =
2100 : 7 = 300     2282 - 2100 = 182
 140 : 7 =  20      182 - 140 = 42
  42 : 7 =   6
           326
```

Ich rechne Schritt für Schritt aus und schreibe alles auf.

Ich subtrahiere und addiere schriftlich und schreibe darum die Zahlen genau untereinander.

Jael

```
  2282 : 7
- 2100 : 7 = 300
    182
-  140 : 7 =  20
     42 : 7 =   6
              326
```

Ich zerlege zuerst die Zahl, damit ich besser teilen kann. Am Schluss addiere ich die Zwischenresultate.

Irina

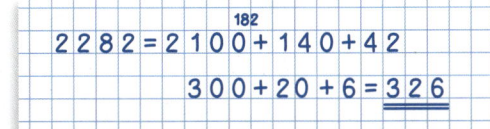

```
               182
2282 = 2100 + 140 + 42
       300 + 20 + 6 = 326
```

113

Multiplikation und Division **Rechenstrategien Division**

5 Rechne aus. Notiere, was dir hilft, das Resultat auszurechnen.

a	63 : 3	b	96 : 8	c	92 : 4
	64 : 4		87 : 3		75 : 3
	91 : 7		65 : 5		84 : 6

d	136 : 8	e	172 : 4	f	266 : 7
	144 : 9		185 : 5		222 : 6
	168 : 6		228 : 3		376 : 8

6 Rechne aus. Notiere, was dir hilft, das Resultat auszurechnen.

a	99 : 3	b	189 : 9	c	84 : 7
	999 : 3		1818 : 9		840 : 7
	9090 : 3		1080 : 9		8470 : 7

d	750 : 3	e	780 : 6	f	176 : 8
	810 : 3		900 : 6		472 : 8
	840 : 3		1020 : 6		656 : 8

g	4550 : 5	h	1540 : 7	i	2880 : 9
	4750 : 5		6370 : 7		4140 : 9
	3950 : 5		6580 : 7		7920 : 9

7 Die Resultate der schwierigeren Divisionen lassen sich aus den Resultaten der einfacheren Divisionen ableiten.
Rechne aus. Beginne mit der einfachsten Rechnung.

a	6324 : 6	b	7224 : 7	c	1569 : 3
	6000 : 6		7210 : 7		1560 : 3
	6300 : 6		7000 : 7		1500 : 3

d	3012 : 4	e	9987 : 3	f	2496 : 8
	2800 : 4		9990 : 3		2400 : 8
	3000 : 4		9900 : 3		2440 : 8

8 Welche der Zahlen im Kasten liegt am nächsten beim Resultat der Division?

100	200	300	400	500	600	700	800	900
1000	2000	3000	4000	5000	6000	7000	8000	

a 4830 : 7
b 3540 : 6
c 6021 : 3

d 3184 : 8
e 12 108 : 6
f 24 282 : 6

g 3654 : 9
h 8050 : 10
i 1192 : 4

j 816 : 8
k 1477 : 7
l 4450 : 5

m 27 135 : 9
n 17 400 : 6
o 4176 : 6

p 3654 : 6
q 15 050 : 5
r 55 008 : 9

9 Rechne aus.

a 198 : 2
297 : 3
396 : 4

b 995 : 5
1194 : 6
1393 : 7

c 792 : 8
3591 : 9
3160 : 8

10 Dividiere und notiere den Rest.

a 737 : 9
739 : 9
838 : 9

b 494 : 5
333 : 6
656 : 9

c 440 : 9
920 : 6
375 : 7

```
3 6 9 : 8 =
3 2 0 : 8 = 4 0
  4 9 : 8
  4 8 : 8 =   6
3 6 9 : 8 = 4 6 Rest 1
```

Routine

11 Halbiere.

a 680
420
760

b 4200
5400
3000

c 28 000
90 000
72 000

d 840 000
520 000
960 000

12 Halbiere.

a 130
450
380

b 6500
1500
5100

c 19 000
36 000
93 000

d 760 000
170 000
550 000

Zum Weiterdenken: S. 164, Aufgaben 13 bis 14

Schriftliche Division

Stellenweise dividieren

Anja erklärt, wie sie 4698 : 6 ausrechnet.

Ich zerlege 4698 in 4T + 6H + 9Z + 8E			
Ich nehme	Ich möchte teilen	Ich teile	Rest
4T	4T : 6		
4T + 6H = 46H	46H : 6	42H : 6 = 7H	4H
4H + 9Z = 49Z	49Z : 6	48Z : 6 = 8Z	1Z
1Z + 8E = 18E	18E : 6	18E : 6 = 3E	0E
Resultat: 7H + 8Z + 3E = 783			

Die Teilrechnungen können mehr oder weniger ausführlich aufgeschrieben werden.
Statt einer Stellenwerttabelle eignet sich auch Häuschenpapier zum Dividieren.

A

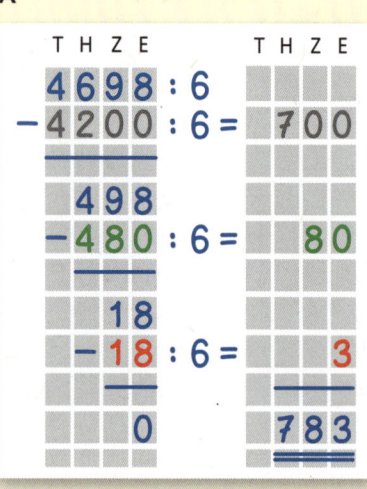

```
T H Z E          T H Z E
4 6 9 8 : 6
-4 2 0 0 : 6 =    7 0 0

    4 9 8
  - 4 8 0 : 6 =      8 0

        1 8
      - 1 8 : 6 =        3

          0            7 8 3
```

B

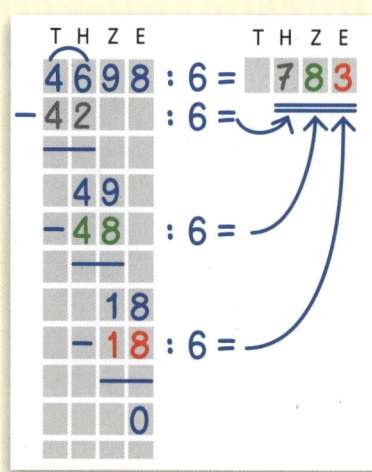

```
T H Z E            T H Z E
4 6 9 8 : 6 =      7 8 3
-4 2    : 6 =

    4 9
  - 4 8    : 6 =

        1 8
      - 1 8 : 6 =

          0
```

C

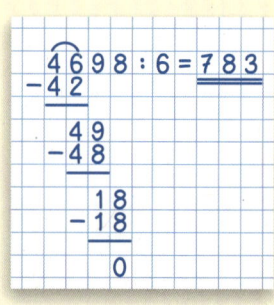

```
4 6 9 8 : 6 = 7 8 3
-4 2
    4 9
  - 4 8
      1 8
    - 1 8
        0
```

D

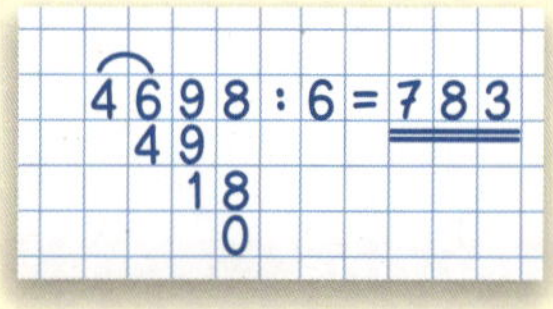

```
4 6 9 8 : 6 = 7 8 3
    4 9
      1 8
        0
```

1 Rechne aus.

Schreibe die Divisionen auf Häuschenpapier und nutze die Häuschen als Stellenwerttabelle.
Notiere die Teilrechnungen so, dass sie für dich übersichtlich sind.
Überprüfe deine Resultate mit der passenden Multiplikation (Umkehrrechnung).

a 456 : 6
    516 : 6
    576 : 6

b 5448 : 4
    7448 : 4
    8248 : 4

c 25 326 : 7
    39 326 : 7
    40 726 : 7

Das schriftliche Divisionsverfahren

5034 : 6

▸ Schreibe die Division auf Häuschenpapier.

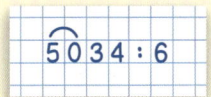

▸ Beginne bei den grössten Stellen mit Dividieren. Nimm dann die nächst kleinere Stelle dazu. Fahre dann Stelle um Stelle weiter bis zu den Einern.

Ich beginne bei den Tausendern. 5 kann nicht durch 6 geteilt werden. Deshalb nehme ich die Hunderter dazu und markiere das mit einem kleinen Bogen. Das Resultat wird dreistellig. Ich markiere die drei Stellen mit drei Punkten.

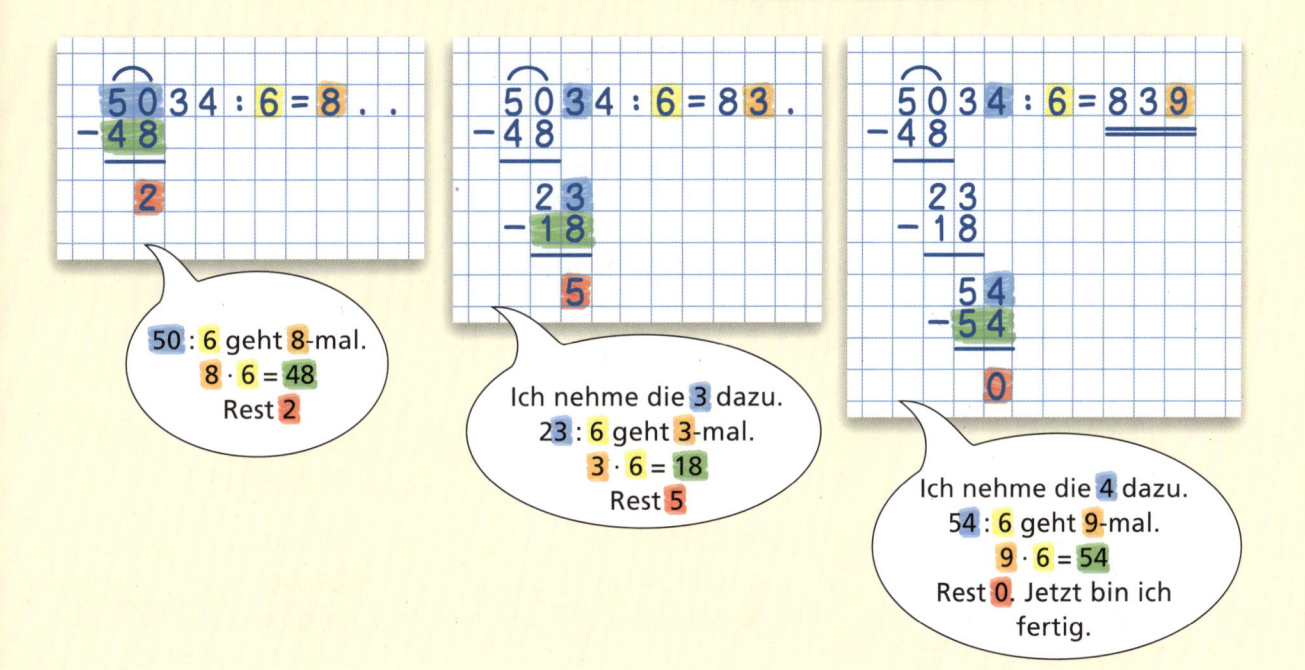

5034 : 6 = ...

*50 : 6 geht 8-mal.
8 · 6 = 48
Rest 2*

*Ich nehme die 3 dazu.
23 : 6 geht 3-mal.
3 · 6 = 18
Rest 5*

*Ich nehme die 4 dazu.
54 : 6 geht 9-mal.
9 · 6 = 54
Rest 0. Jetzt bin ich fertig.*

2 Rechne schriftlich.

a 1041 : 3   b 5480 : 8   c 7608 : 4
d 40 875 : 5   e 41 503 : 7   f 46 044 : 9

3 Rechne schriftlich. Überprüfe dein Resultat mit der passenden Multiplikation (Umkehrrechnung).

a 5880 : 3   b 5880 : 5   c 5880 : 7
d 34 176 : 6   e 34 176 : 4   f 34 176 : 8

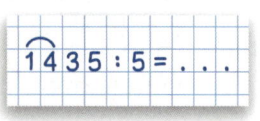

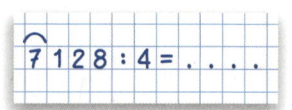

Multiplikation und Division — Schriftliche Division

4 Rechne aus.

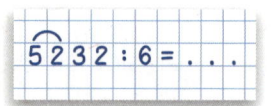

a) 1̄4̄35 : 5 = ...
b) 7̄128 : 4 = ...
c) 5̄232 : 6 = ...

d) 62 679 : 3
e) 34 014 : 6
f) 30 472 : 8

g) 153 117 : 3
h) 10 056 : 4
i) 30 108 : 6

5 Rechne aus.
Überprüfe dein Resultat mit der passenden Multiplikation (Umkehrrechnung).

a) 21 486 : 6
b) 43 015 : 5
c) 42 203 : 7

d) 117 945 : 5
e) 244 648 : 8
f) 141 024 : 3

g) 1 044 525 : 5
h) 1 134 165 : 3
i) 1 024 288 : 4

6 Wähle ein geeignetes Vorgehen (im Kopf rechnen, mit Notizen rechnen, schriftlich rechnen) und rechne aus.

a) 5555 : 5
   8585 : 5
   9000 : 5

b) 36 120 : 6
   63 660 : 6
   59 994 : 6

c) 170 946 : 3
   750 963 : 3
   666 333 : 3

d) 4884 : 4
   4915 : 5
   5600 : 5

e) 89 672 : 8
   88 088 : 4
   84 000 : 7

f) 140 280 : 7
   423 600 : 4
   279 993 : 7

7 Das Resultat dieser Rechnung ist falsch.
Rechne richtig aus.

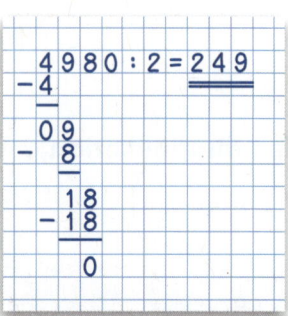

a)
```
 4980 : 2 = 249
-4
 09
 -8
  18
 -18
   0
```

b)
```
 52008 : 8 = 7501
-48
  40
 -40
   008
    -8
     0
```

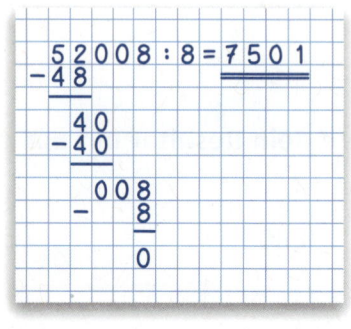

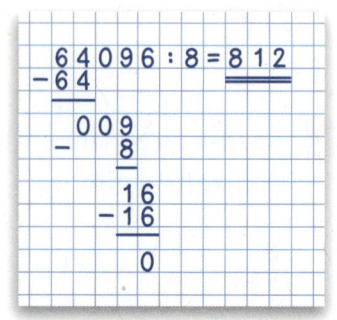

c)
```
 64096 : 8 = 812
-64
  009
   -8
   16
  -16
    0
```

8 Dividiere Monsterzahlen.

a 987 654 312 : 8
b 59 667 346 794 : 6
c 6 911 251 584 909 : 7

9 a Rechne aus.

111 105 : 9
211 104 : 9
311 103 : 9
411 102 : 9
511 101 : 9

b Was stellst du beim Betrachten der Resultate fest?
Versuche, deine Beobachtungen zu erklären.

10 Rechne die Division aus, deren Resultat …

a zwischen 700 und 800 liegt.   6750 : 9   9600 : 8   4760 : 7

b zwischen 500 und 600 liegt.   3920 : 8   2950 : 5   4277 : 7

c zwischen 900 und 950 liegt.   6020 : 7   4495 : 5   2739 : 3

d zwischen 4000 und 4500 liegt.   23 820 : 6   13 470 : 3   24 250 : 5

e zwischen 2500 und 2700 liegt.   10 100 : 4   19 392 : 8   13 525 : 5

11 Dividieren mit und ohne Rest.

a 26 010 : 5
b 86 415 : 7
c 46 892 : 6
d 1000 : 9
e 4000 : 9
f 80 000 : 9

```
 1 3 9 9 : 4 = 3 4 9  Rest 3
-1 2
   1 9
  -1 6
     3 9
    -3 6
       3
```

Zum Weiterdenken: S. 165, Aufgabe 15

Flexibel rechnen

Zusammenhänge zwischen Rechenoperationen

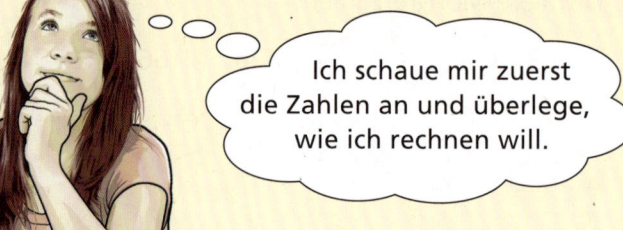

Ich schaue mir zuerst die Zahlen an und überlege, wie ich rechnen will.

1 Rechne aus.

Überlege zuerst, wie du vorgehen willst.

a 47 + 47 + 47 + 47 + 47 + 47 + 47 + 47

5612 + 5612 + 5612 + 5612 + 5612 + 5612 + 5612 + 5612 + 5612 + 5612

b 256 + 256 + 256 + 256 + 54 + 54 + 54 + 54

9 + 81 + 9 + 81 + 9 + 81 + 9 + 81 + 9 + 81 + 9

c 383 − 25 − 25 − 25 − 25 − 25 − 25 − 25 − 25

837 − 15 − 15 − 15 − 15 − 45 − 45 − 45 − 45

2 Wie oft kannst du subtrahieren?

a 96 − 8 − 8 − 8 − 8 − 8 − 8 − ... = 0   Wie oft wird 8 subtrahiert?

b 1000 − 8 − 8 − 8 − 8 − 8 − 8 − ... = 0   Wie oft wird 8 subtrahiert?

c 1240 − 8 − 8 − 8 − 8 − 8 − 8 − ... = 0   Wie oft wird 8 subtrahiert?

d 1240 − 155 − 155 − 155 − 155 − ... = 0   Wie oft wird 155 subtrahiert?

3 Bilde die vier passenden Gleichungen zur Rechnung.

a 3 · 700   b 3600 : 4

c 1216 : 4   d 12 · 800

e 10 000 : 8 f 30 · 800

Es gibt immer zwei Multiplikationen und zwei Divisionen.

```
5 · 90
5 · 90 = 450
90 · 5 = 450
450 : 5 = 90
450 : 90 = 5
```

Geschicktes Rechnen

4 **Rechne aus.**

Multipliziere zuerst die Zahlen, die zum Multiplizieren gut zueinanderpassen.

a 2 · 37 · 50
   18 · 5 · 20

b 4 · 19 · 25
   25 · 23 · 4

c 11 · 25 · 8
   8 · 45 · 25

d 3 · 25 · 4
   4 · 18 · 75

e 5 · 22 · 2 · 40
   35 · 4 · 2 · 25

Ich rechne zuerst 2 · 50 = 100

5 **Halbiere den einen Faktor und verdopple zugleich den anderen Faktor so lange, bis du das Resultat im Kopf ausrechnen kannst.**

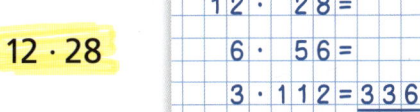

Wenn ich einen Faktor halbiere, muss ich den anderen Faktor verdoppeln.

12 · 28

12 · 28 =
6 · 56 =
3 · 112 = 336

a 4 · 160
   4 · 215

b 156 · 8
   25 · 16

c 51 · 12
   151 · 6

d 24 · 26
   12 · 160

Multiplikation und Division **Flexibel rechnen**

6 Vergleiche die Rechnungen links und rechts der Zeichen <, > oder =.
Warum stimmt das Zeichen? Erkläre, ohne auszurechnen.

a 35 + 35 + 35 + 35 < 5 · 35
b 3 · 28 = 6 · 14
c 4 · 15 < 15 + 15 + 16 + 15
d 34 + 16 + 16 + 34 = 2 · 50
e 4 · 77 · 25 > 77 · 82
f 12 · 65 < 6 · 150

7 In der Rechenmaschine werden die eingegebenen Zahlen Schritt für Schritt verarbeitet.

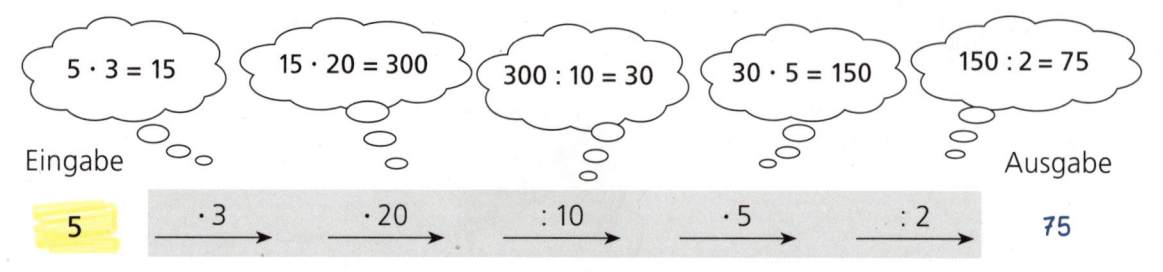

5 · 3 = 15   15 · 20 = 300   300 : 10 = 30   30 · 5 = 150   150 : 2 = 75

Eingabe   Ausgabe

5   · 3 →   · 20 →   : 10 →   · 5 →   : 2 →   75

a Bestimme für die Eingabezahlen 7, 20 und 35 die Ausgabezahlen.
b Wähle eigene Eingabezahlen und bestimme die Ausgabezahlen.
c Vergleiche die Eingabezahlen mit den Ausgabezahlen. Beschreibe, was dir auffällt. Versuche, deine Beobachtungen zu erklären.
d Welche Zahlen musst du eingeben, damit die Ausgabezahlen 45, 330 und 1005 herauskommen? Überprüfe deine Vermutung.
e Ersetze die Rechenmaschine durch eine einfachere Maschine. Diese muss bei jeder Eingabezahl die entsprechende Ausgabezahl liefern.

8 Wie viel kostet der Einkauf?

a Herr Petrow rechnet aus, ob 50 Fr. für seinen Einkauf reichen.
Wie viel kostet der Einkauf von Herrn Petrow?

Fischfilet   30.05 Fr.
2 Schalen Erdbeeren   1 Schale kostet 4.50 Fr.
3 Tafeln Schokolade   1.95 Fr. pro Tafel
12 Kiwi   60 Rp. pro Stück
2 kg Zucker   1 kg zu 1.25 Fr.

b Frau Suter rechnet aus, ob 40 Fr. für ihren Einkauf reichen.
Wie viel kostet der Einkauf von Frau Suter?

3 l Milch   1.85 Fr. pro Liter
4 kg Karotten   1 kg zu 2.20 Fr.
3 Packungen Teigwaren   1 Packung kostet 2.65 Fr.
3 kg Mehl   1 kg zu 1.95 Fr.
2 Säcke Kartoffeln   4.40 Fr. pro Sack

9 Rechne aus. Überlege zuerst, wie du rechnen willst.

a 750 + 1000 + 1250 + 1500 + 1750 + 2000 + 2250 + 2500

b 3000 + 3300 + 3600 + 3900 + 4200 + 4500 + 4800 + 5100 + 5400 + 5700 + 6000

c 7126 + 7127 + 7128 + 7129 + 7130 + 7131 + 7132

d 344 + 348 + 352 + 356 + 360 + 364 + 368

e 2520 + 2522 + 2524 + 2526

10 Untersuche Summen von aufeinanderfolgenden Zahlen.

a Notiere drei aufeinanderfolgende Zahlen und addiere sie (Beispiel: 44 + 45 + 46). Dividiere die Summe anschliessend durch 3. Betrachte das Resultat. Was stellst du fest? Wiederhole das Vorgehen mit anderen aufeinanderfolgenden Zahlen. Versuche, deine Beobachtung zu erklären.

b Notiere fünf aufeinanderfolgende Zahlen und addiere sie. Dividiere die Summe anschliessend durch 5. Betrachte das Resultat. Was stellst du fest? Versuche, deine Beobachtung zu erklären.

c Wie kannst du die Summe von neun aufeinanderfolgenden Zahlen einfach ausrechnen? Beschreibe und begründe dein Vorgehen.

11 Wie heisst die Zahl?

a Wenn ich die Zahl durch 20 dividiere, das Resultat zuerst mit 4 und anschliessend mit 5 multipliziere, erhalte ich 600.

b Wenn ich die Zahl zweimal verdopple und anschliessend einmal halbiere, erhalte ich 444.

c Wenn ich 202 mit der Zahl multipliziere, erhalte ich gleich viel, wie wenn ich 4848 durch 8 dividiere.

Routine

12 Bestimme die fehlenden Zahlen.

a	100	b	1000	c	10 000	d	100 000	e	1 000 000
	2 ·		2 ·		100 ·		10 ·		8 ·
	4 ·		4 ·		4 ·		100 ·		100 ·
	5 ·		8 ·		5 ·		5 ·		4 ·
	10 ·		10 ·		25 ·		4 ·		5 ·
	100 ·		5 ·		8 ·		25 ·		20 ·

Zum Weiterdenken: S. 166 und 167, Aufgaben 16 bis 18

Pläne

Gebäude aus Holzwürfeln – Baupläne und Ansichten

Baupläne sind meist von oben gezeichnet und mit zusätzlichen Informationen zum Gebäude versehen. **Ansichten** werden von verschiedenen Seiten gezeichnet.

1 Baupläne von Gebäuden aus Holzwürfeln.

a Was bedeuten die Zahlen auf dem Bauplan?

3	2	2
2	2	1
1	1	1

b Welcher Bauplan gehört zu welchem Gebäude?

Irina

1	3
2	

Nico

1	3	2

Silvan

2	1	3

A   B 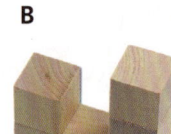    C

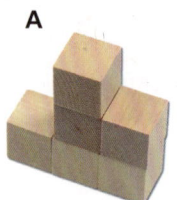

c Zeichne die Baupläne zu den Gebäuden. Was fällt dir auf?

A   B    C    D

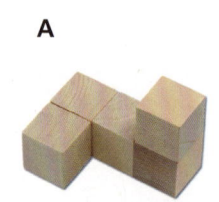

2 Irina, Nico, Silvan und Anja zeichnen das Gebäude aus ihrer Blickrichtung. Wer hat welche Ansicht gezeichnet?

Irina   Nico   Silvan   Anja

A    B    C    D

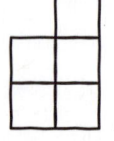

Pläne und Ansichten lesen und zeichnen

Wohnungsplan 1 : 100

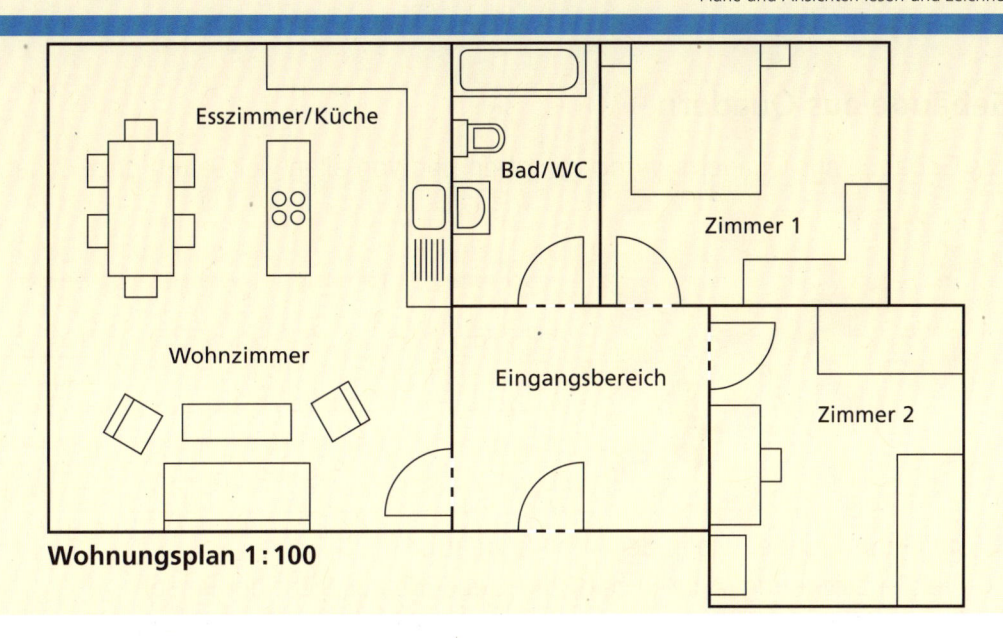

(Esszimmer/Küche, Bad/WC, Zimmer 1, Wohnzimmer, Eingangsbereich, Zimmer 2)

3 In einem Wohnungsplan findest du viele Informationen.

a Im Zimmer 2 stehen verschiedene Möbel.
   Welche Gegenstände könnten dargestellt sein?

b Welche Möbel und Gegenstände könnten im grössten Raum des Wohnungsplans dargestellt sein?

c Zeichne die Tabelle und vervollständige sie.

Im Plan 1 : 100	1 mm	5 mm	1 cm	2 cm	5 cm	10 cm
In Wirklichkeit						

d Miss die Länge und Breite von drei Räumen im Wohnungsplan.
   Berechne die Länge und Breite der Räume in Wirklichkeit.

e Miss im Plan die Möbel von Zimmer 2 und berechne ihre Grösse in Wirklichkeit.

f Stell dir vor, du befindest dich in dieser Wohnung.
   Wähle einen Standort und eine Blickrichtung.
   Beschreibe, was sich von deinem Standort aus gesehen in welcher Richtung befindet.

> Ich stehe bei einer Tür. Rechts von mir steht ein Schrank, vor mir steht ein Bett.

4 Stell dir deine Traumwohnung vor.

a Wie gross wären dein Zimmer, dein Bett, die Badewanne oder andere Gegenstände in deiner Traumwohnung?

b Zeichne den Wohnungsplan deiner Traumwohnung im Massstab 1 : 100.

Geometrie **Pläne**

Gebäude aus Quadern

Das Gebäude aus Quadern wurde von oben und von allen vier Seiten gezeichnet.

| von vorne | von rechts | von hinten | von links | von oben |

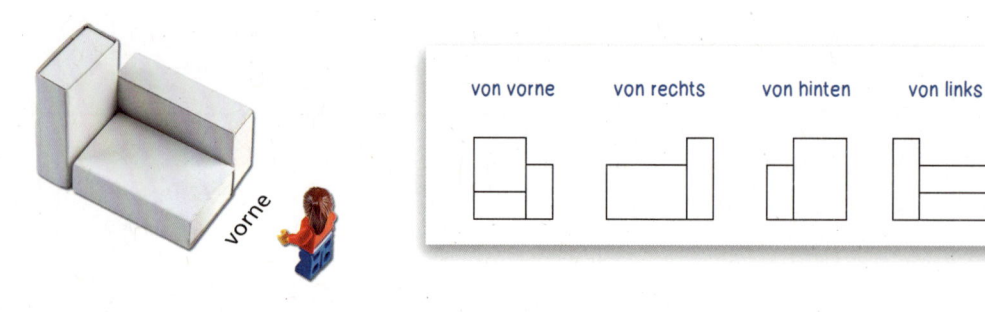

5 Stelle drei Quader wie in der Abbildung auf.
Welche Zeichnung (A bis E) zeigt das Gebäude aus Sicht der Person …

… von vorne?   … von rechts?   … von hinten?   … von links?   … von oben?

a

b

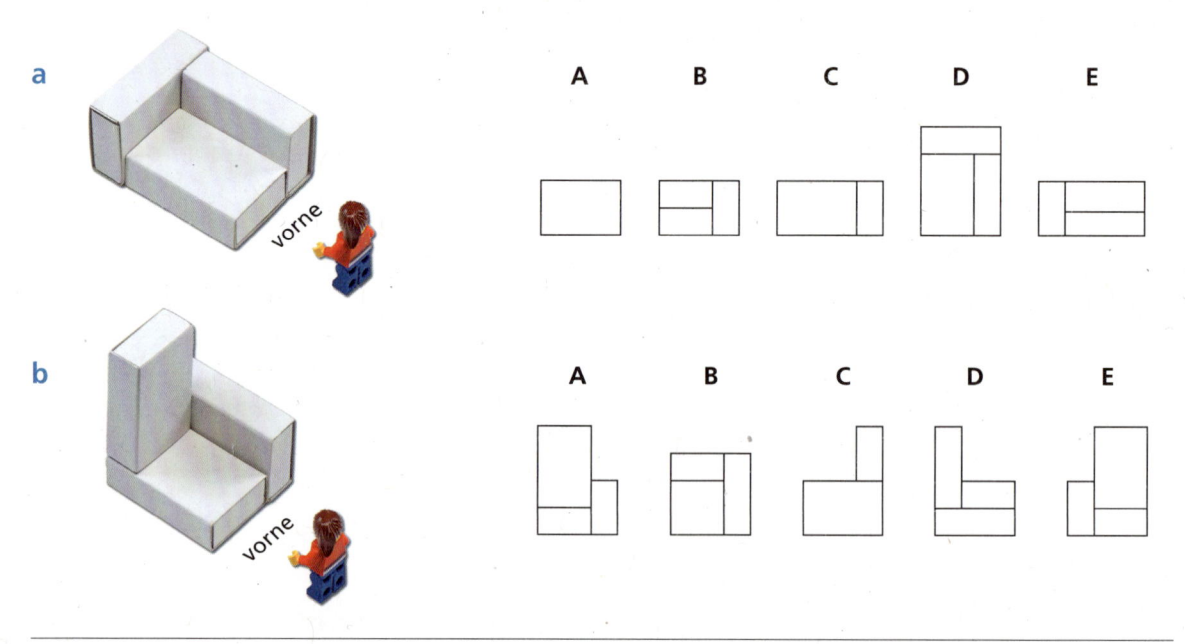

6 Stelle drei Quader wie in der Abbildung auf und zeichne das Gebäude von oben und von den vier Seiten.

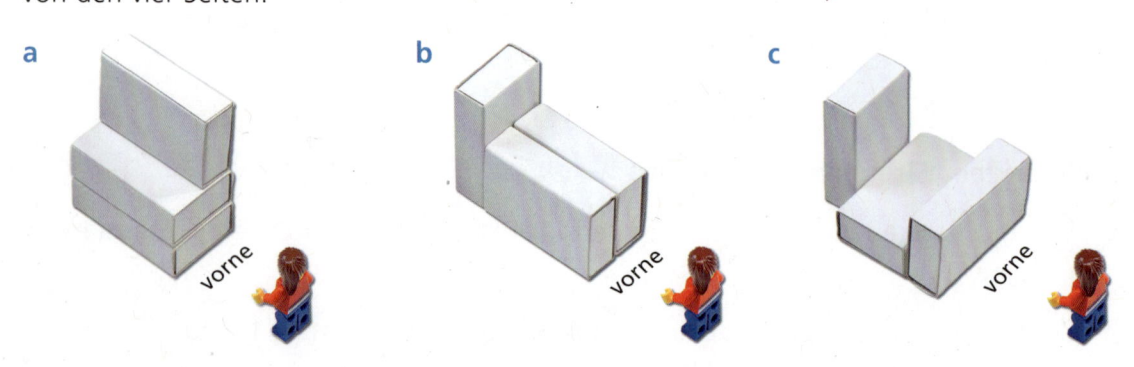

a   b   c

Ausschnitt Stadtplan Zürich 1 : 10 000

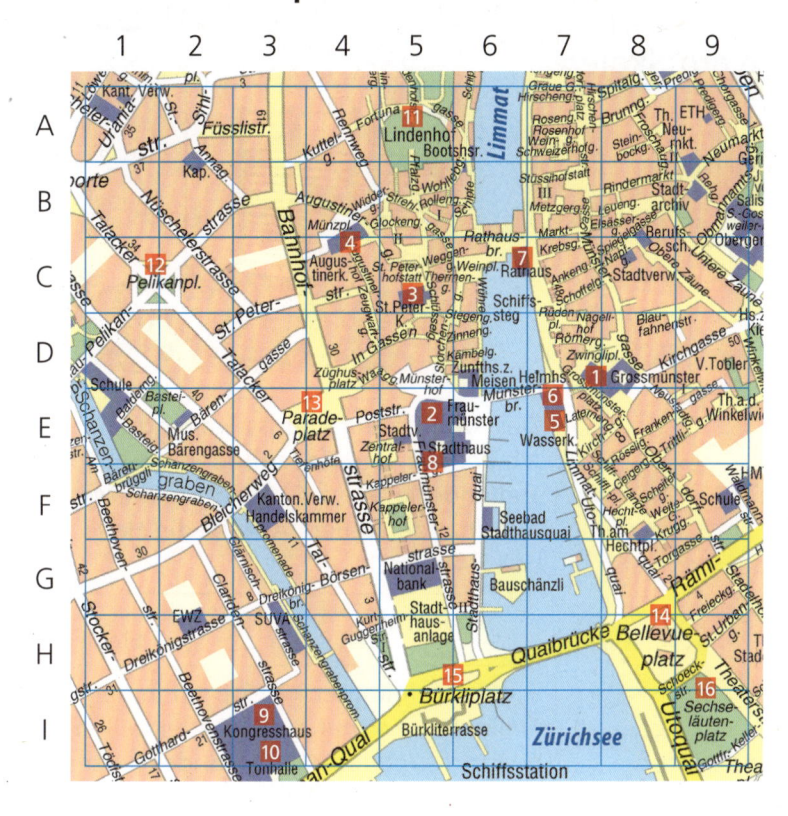

1 Grossmünster
2 Fraumünster
3 St. Peter-Kirche
4 Augustinerkirche
5 Wasserkirche
6 Helmhaus
7 Rathaus
8 Stadthaus
9 Kongresshaus
10 Tonhalle
11 Lindenhof
12 Pelikanplatz
13 Paradeplatz
14 Bellevueplatz
15 Bürkliplatz
16 Sechseläutenplatz

7 Betrachte den Planausschnitt.

a Wie heisst die Insel im Feld G6?
b In welchen Feldern liegt der Pelikanplatz?
c In welchem Feld befindet sich das Bärenbrüggli?
d Durch welche Felder verläuft das Stadthausquai?
e Wie lang ist die Quaibrücke ungefähr?
f Wie weit ist es von der Augustinerkirche zum Bürkliplatz ungefähr?
g Eine Person steht beim Sechseläutenplatz. Sie geht den Utoquai entlang in Richtung Wasserkirche. Bei der ersten Möglichkeit biegt sie links ab. Nach 300 Metern biegt sie am Ende eines Platzes rechts ab und geht auf einer breiten Strasse ungefähr 400 Meter geradeaus. Auf welchem Platz steht sie?
h In welchem Feld stand der Fotograf, als er die Limmat mit dem Stadthaus, dem Fraumünster und der St. Peter-Kirche fotografierte?
i Schreibe eigene Fragen zum Stadtplan.

Zum Weiterdenken: S. 171, Aufgabe 8

Grössen und Daten   Schätzen

Schätzen

Ungefähre Längen und Werte auf Skalen bestimmen

Vergleiche Grössen, die du schätzen willst, mit Grössen, die du kennst.

> Meine Hand ist etwa 10 cm breit.
> Ich kann sie ungefähr 3-mal auf der Länge der Mappe abtragen.
> Also ist die Mappe etwa 30 cm lang.
>
> Julian

> Die Mappe ist sicher länger als 2 Handbreiten und kürzer als 4 Handbreiten. Meine Hand ist etwa 10 cm breit. Die wirkliche Länge der Mappe liegt also zwischen 20 cm und 40 cm.
>
> Elena

> Der Wandtafelmeter ist 1 m lang.
> Ich könnte vom Hallenboden bis zur Hallendecke etwa 4 Wandtafelmeter aufeinanderstellen. Also ist die Halle etwa 4 m hoch.
>
> Julian

> 3 Wandtafelmeter könnte ich in der Hallenhöhe sicher aufeinanderstellen. 6 Wandtafelmeter aufeinander hätten in der Höhe der Halle sicher nicht Platz. Also ist die Halle zwischen 3 m und 6 m hoch.
>
> Elena

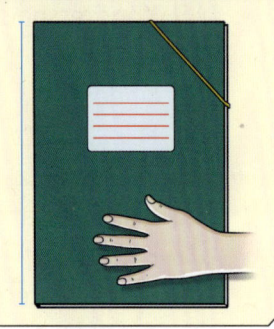

1 **Schätze die folgenden Längen durch Vergleiche mit bekannten Längen. Beschreibe dein Vorgehen.**

Gib eine ungefähre Länge an oder bestimme den Bereich, in dem die Länge liegt.

a   die Höhe des Schulzimmers

b   die Breite des Themenbuches

c   die Kantenlänge eines Spielwürfels

d   Schätze drei bis fünf weitere Längen.

2 **Wenn zwei Werte auf einem Zahlenstrahl gegeben sind, kannst du ungefähr angeben, welche Zahlen dazwischen markiert sind.**

Welche Zahlen sind auf dem Zahlenstrahl mit einem Pfeil markiert?
Schreibe deine Schätzungen auf.

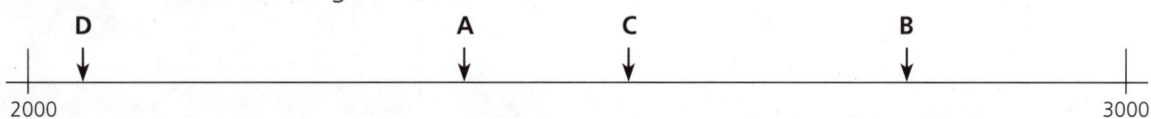

```
         D              A       C              B
         ↓              ↓       ↓              ↓
   |─────┼──────────────┼───────┼──────────────┼─────|
   2000                                           3000
```

Ungefähre Längen und Werte auf Skalen festlegen

Ria und Alex wollen einen Papierstreifen von etwa 15 cm Länge abschneiden und haben dazu kein Messgerät zur Verfügung. Sie beschreiben ihr Vorgehen.

> Meine Hand ist etwa 10 cm breit. 15 cm liegen genau in der Mitte zwischen 10 cm und 20 cm. Ich lege 2 Hände nebeneinander und zerschneide den Papierstreifen dann ungefähr in der Mitte der zweiten Handbreite.

> Meine Hand ist etwa 10 cm breit, mein Finger etwa 1 cm breit. Ich trage also eine Handbreite und 5 Fingerbreiten ab.

3 **Schneide Papierstreifen ab, ohne zu messen.**

Schätze die Länge, indem du sie mit Längen vergleichst, die du kennst.

a ungefähr 15 cm
b ungefähr 3 cm
c ungefähr 40 cm
d ungefähr 5 mm

4 **Wenn zwei Werte auf einem Zahlenstrahl gegeben sind, kannst du festlegen, wo Zahlen dazwischen ungefähr liegen.**

Zeichne den Abschnitt des Zahlenstrahls zwischen 600 und 700.

Schätze, wo die Zahl auf dem Zahlenstrahl liegt. Markiere die Stelle und schreibe sie an.

a 650
b 630
c 672
d 703

Grössen und Daten **Schätzen**

5 Vergleiche die gesuchte Höhe mit der Länge des Wandtafelmeters (1 m).
Bestimme die ungefähre Höhe. Beschreibe dein Vorgehen.

a die Höhe der linken Pflanze

b die Höhe der mittleren Kletterwand

6 Schätze die Längen, indem du sie mit der gegebenen Länge vergleichst.
Gib eine ungefähre Länge an oder bestimme den Bereich, in dem die Länge liegt.
Beschreibe dein Vorgehen.

a die Länge der ausgestreckten Katze

b die Länge und die Breite des Marienkäfers

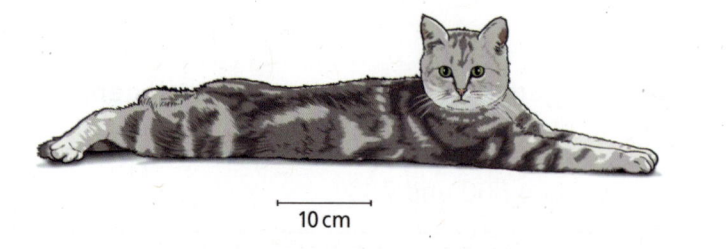

10 cm

1 mm

7 Schätze die Höhen, indem du sie mit dem Wandtafelmeter (1 m) vergleichst.
Gib einen Bereich an, in dem die gesuchte Höhe liegt. Beschreibe dein Vorgehen.

- **a** die Höhe vom Boden bis zum Rand des Basketballkorbes
- **b** die Höhe der Strassenlampe
- **c** die Höhe des Hauses

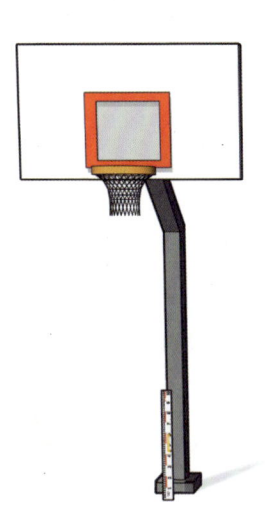

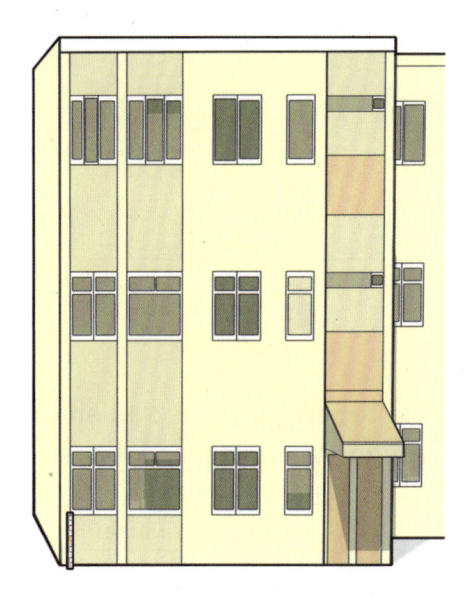

8 Schätze Distanzen (Luftlinien). Gib einen Bereich an, in dem die gesuchte Länge liegt.
Beschreibe dein Vorgehen.

- **a** von A nach B
- **b** von A nach C
- **c** von A nach D

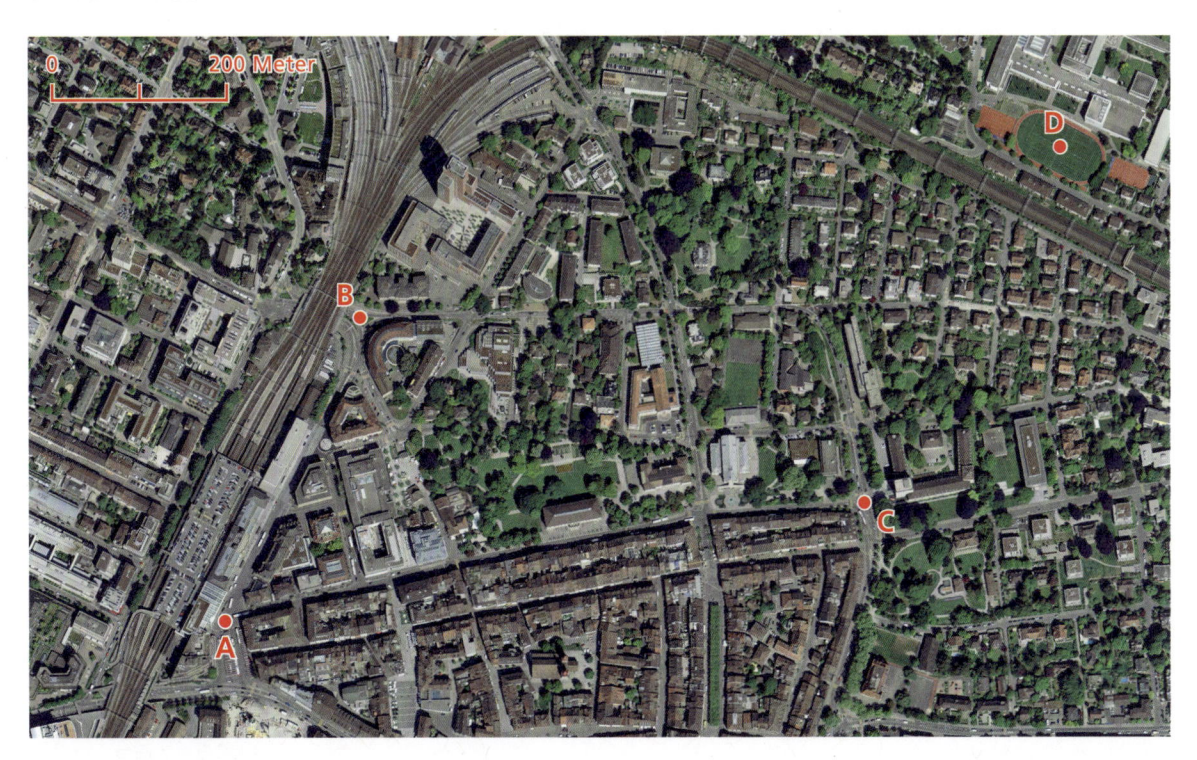

Zum Weiterdenken: S. 178, Aufgabe 9

Grössen und Daten **Diagramme**

Diagramme

Diagramme lesen

Säulendiagramm

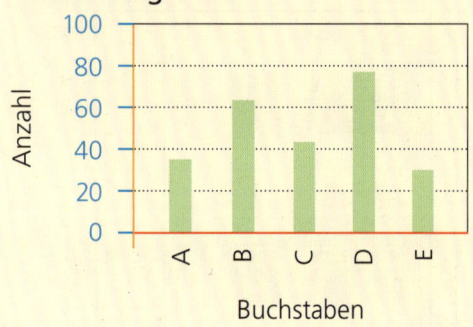

Balkendiagramm

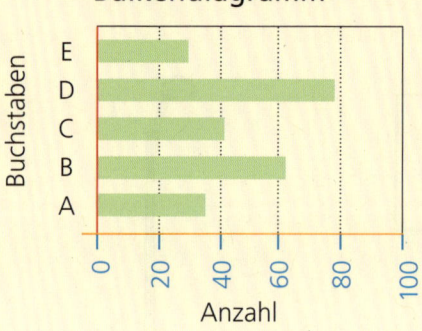

Säulen/Balken
Rubriken-Achse
Werte-Achse
Skala

1 Die Tabelle und das Säulendiagramm geben die Anzahl der Zuschauerplätze einiger Schweizer Fussballstadien an.

Ort	Zuschauerplätze
St. Gallen	17 300
Zürich	25 000
Bern	31 100
Basel	38 500
Luzern	17 000

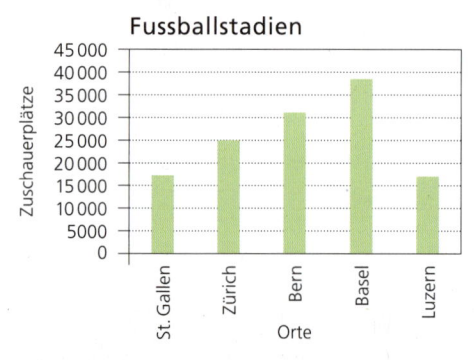

Fussballstadien

a Worin unterscheiden sich die beiden Darstellungen? Schreibe die Unterschiede auf.

b Beantworte die Fragen. Notiere, ob du die Antwort besser im Diagramm oder in der Tabelle ablesen kannst. Erkläre warum.

- Welches Stadion hat die meisten Zuschauerplätze?
- Wie viele Zuschauerplätze gibt es im Stadion in Bern?
- Welches Stadion hat mehr als 35 000 Zuschauerplätze?
- Welche Stadien haben mehr Zuschauerplätze als das Stadion in Luzern, aber weniger als das in Bern?
- Welches Stadion hat fast doppelt so viele Zuschauerplätze wie das Stadion in Luzern?
- Welche Stadien haben zwischen 20 000 und 35 000 Zuschauerplätze?

c Vergleiche die Anzahl der Zuschauerplätze von
– St. Gallen und Zürich,
– Zürich und Bern,
– Bern und Basel.
Was stellst du fest?

Diagramme zeichnen

2 In der Tabelle sind die Einwohnerzahlen von Schweizer Kleinstädten aufgelistet.

Kleinstädte	Einwohnerzahlen
Aarberg BE	4217
Bischofszell TG	5546
Eglisau ZH	4700
Ilanz GR	2564
Lachen SZ	8069
Kaiserstuhl AG	402
Laufen BL	5390
Rorschach SG	8813

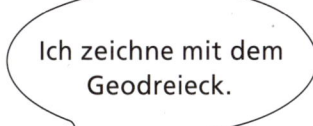

a Übertrage die Tabelle in ein selbst gezeichnetes Säulendiagramm:

- Zeichne die Rubriken-Achse und die Werte-Achse.
- Wähle eine Skaleneinteilung von 0 bis 9000 mit 2 Häuschen pro 1000 Einwohner.
- Gib dem Diagramm einen Titel und beschrifte die Achsen und Skalen vollständig.
- Schätze anhand der Skaleneinteilung die Höhen der Säulen und zeichne sie.

Ich zeichne mit dem Geodreieck.

b Beantworte die Fragen zu deinem Diagramm, indem du die betreffenden Säulen mit den entsprechenden Farben ausmalst.

- In welcher Stadt leben am meisten Menschen? Male rot aus.
- In welcher Stadt leben weniger als 1000 Menschen? Male blau aus.
- In welchen beiden Städten liegen die Einwohnerzahlen am nächsten beisammen? Male grün aus.
- Welche Einwohnerzahl liegt am nächsten bei 4500? Male braun aus.
- In welcher Stadt liegt die Einwohnerzahl am nächsten bei 8000? Male gelb aus.
- In welcher Stadt liegt die Einwohnerzahl zwischen 3500 und 4250? Male orange aus.
- Formuliere eine Aussage zur Stadt, deren Säule du nicht ausgemalt hast.

Grössen und Daten **Diagramme**

3 Die im Balkendiagramm aufgeführten Kunden haben im Dorfladen unterschiedliche Beträge bezahlt.

a Zeichne ein Säulendiagramm und beschrifte es vollständig (Titel, Achsen- und Skalenbeschriftungen). Übertrage die Beträge aus dem Balkendiagramm der Grösse nach in das Säulendiagramm.

b Schätze die Beträge auf Franken genau und schreibe sie über die jeweilige Säule.

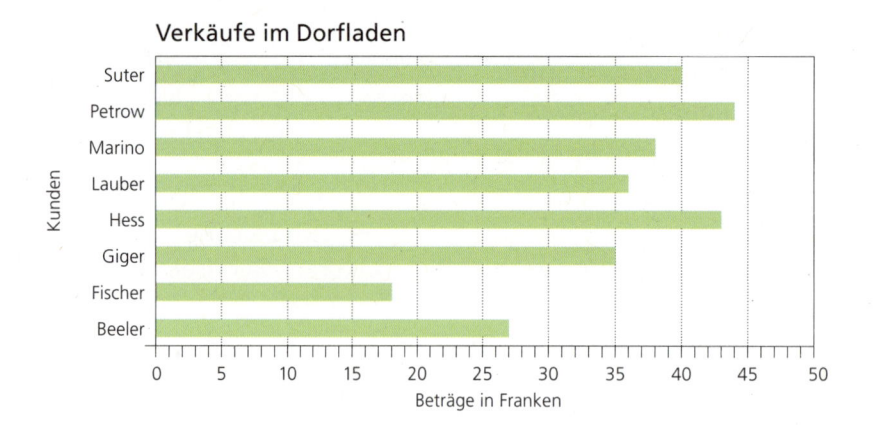

Verkäufe im Dorfladen

Kunden: Suter, Petrow, Marino, Lauber, Hess, Giger, Fischer, Beeler
Beträge in Franken (0–50)

4 Über die Hauptstrasse eines Dorfes fahren viele Autos. Eine Zählung über mehrere Wochen hat folgende Resultate ergeben:

a Zeichne ein Säulen- oder ein Balkendiagramm mit den Daten aus der Tabelle.
Überlege dabei: Wie gross muss der Zahlenraum der Werte-Achse sein?
Welche Zahlenwerte willst du auf der Werte-Achse eintragen, damit du ein übersichtliches Diagramm erhältst?

b Schreibe mindestens drei Informationen auf, die du aus deinem Diagramm herauslesen kannst, ohne die genauen Daten aus der Tabelle zu kennen. Verwende Ausdrücke wie: weniger als, mehr als, fast gleich viel, am wenigsten, am meisten oder zwischen.

Kalender-woche	Anzahl Autos
15	4250
16	5900
17	6800
18	3500
19	7100
20	4500
21	6700
22	4700
23	3300

In der Woche 16 fahren mehr Autos durch das Dorf als in der Woche 15.

5 Eine Firma baut Swimmingpools. Es werden verschiedene Poolgrössen angeboten.

Ordne den Buchstaben das richtige Poolmodell zu. Trage die Angaben in eine Tabelle ein.

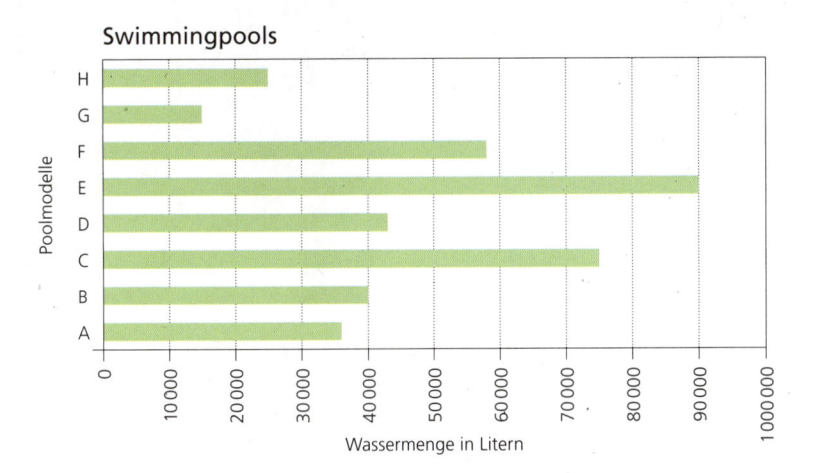

Swimmingpools

(Balkendiagramm: Poolmodelle A–H, Wassermenge in Litern)

- In das Modell «Wal» passt am meisten Wasser.
- Das kleinste Modell heisst «Krokodil».
- In das Modell «Hai» passen bis zu 58 000 l Wasser.
- Das zweitgrösste Modell heisst «Delfin».
- Das Modell «Rochen» fasst mehr als 20 000 l, aber weniger als 30 000 l Wasser.
- Der Unterschied zwischen den Modellen «Seehund» und «Eisbär» beträgt weniger als 4000 l.
  Das Modell «Seehund» ist das grössere von beiden.
- Das Modell «Pinguin» fasst 4000 l Wasser weniger als das Modell «Eisbär».

Buch-stabe	Modell	Wasser-menge in l (geschätzt)
E	Wal	90'000

6

Einige hohe Bauwerke in Europa:

- Fernsehturm in Berlin: 368 m
- Eiffelturm in Paris: 324 m
- Prime Tower in Zürich: 126 m
- Bankenhochhaus in Frankfurt: 259 m
- Fernsehturm Ostankino in Moskau: 540 m
- Schornstein von Trbovlje: 360 m

a Erstelle ein Säulendiagramm. Überlege dabei: Wie gross muss der Zahlenraum der Werte-Achse sein? Welche Zahlenwerte willst du auf der Werte-Achse eintragen, damit du ein übersichtliches Diagramm erhältst?

b Finde die Höhe von weiteren hohen Bauwerken heraus. Trage die Werte ebenfalls in dein Diagramm ein.

Zum Weiterdenken: S. 179, Aufgaben 10 bis 11

Sachaufgaben

Alpenmurmeltiere

Lebensraum

Murmeltiere sind Nagetiere wie zum Beispiel Mäuse, Hamster und Eichhörnchen. Es gibt 14 Arten von Murmeltieren. Bei uns leben Alpenmurmeltiere auf einer Höhe zwischen 800 m und 3000 m über Meer. Alpenmurmeltiere sind gesellige Tiere. Das Elternpaar und ihr Nachwuchs leben in Familien zusammen, die aus 15 bis 20 Tieren bestehen können.

Alpenmurmeltiere graben Baue mit vielen unterirdischen Gängen. Mit den Vorderpfoten lockern die Tiere die Erde, mit den Hinterbeinen transportieren sie die Erde aus den Bauen. Sie haben an den Vorderpfoten je 4 Zehen mit kräftigen, langen Krallen, an den Hinterpfoten haben sie je 5 Zehen.

Einige der Baue werden im Sommer bewohnt, sie schützen die Tiere vor der Hitze. Andere Baue werden für den Winterschlaf genützt. Diese liegen bis zu 7 m unter der Erde. Daneben befinden sich die nur 1 m langen Fluchtröhren, die den Tieren zusätzlich Schutz vor Feinden wie dem Steinadler, dem Baummarder, dem Fuchs oder dem Jäger bieten. Entdeckt ein Alpenmurmeltier eine Gefahr, macht es die anderen mit einem schrillen Pfiff auf diese aufmerksam. Und blitzschnell verschwinden alle Tiere unter der Erde.

Gewicht und Grösse

Die Körperlänge eines Alpenmurmeltiers misst von der Nasenspitze bis zum Schwanzansatz ungefähr 50 cm, der Schwanz ist ungefähr 15 cm lang. Ausgewachsene Männchen wiegen im Spätsommer 3 kg bis 7 kg, Weibchen etwas weniger. Die Jungtiere wiegen bei der Geburt 30 g, vor dem ersten Winterschlaf sollten sie das Fünfzigfache an Gewicht haben.

Winterschlaf

Halten sich Alpenmurmeltiere ausserhalb ihrer Baue auf, sind sie meist mit Fellpflege oder Fressen beschäftigt. Pro Tag nimmt ein erwachsenes Tier ungefähr 1 kg Nahrung zu sich. Es frisst Gräser und ausgewählte Kräuter mit ihren Wurzeln. Damit legt es sich eine Fettschicht von ungefähr 1 kg 200 g für den Winterschlaf zu. Für das Nestpolster im Bau sammeln die Tiere bis zu 16 kg Heu.

Im Herbst ziehen sich die Tiere in ihre Baue zurück und verschliessen die Eingänge mit Erde und Steinen. Zum Winterschlaf rollen sie sich in Gruppen zusammen. Ihre Körpertemperatur sinkt von 39 Grad auf 5 Grad Celsius. Pro Minute atmet ein Alpenmurmeltier noch etwa 2-mal. Sein Herz schlägt statt 100-mal nur noch 1- bis 2-mal pro Minute. So braucht es wenig Energie. Diese bezieht es aus der angefutterten Fettschicht. Über den Winter verliert ein Alpenmurmeltier etwa einen Drittel seines Körpergewichts. Daher überleben Tiere mit zu wenig Körpergewicht den Winter manchmal nicht.

Informationen aus Sachtexten verarbeiten

1 Im Text über die Alpenmurmeltiere kommen viele Zahlen und Grössenangaben vor. Notiere acht Angaben in Stichworten.

– 14 Arten Murmeltiere
– leben bei uns auf 800 m bis 3000 m über Meer
–

2 Beurteile, ob die Aussage richtig oder falsch ist.

a Alpenmurmeltiere wohnen nur in Bergregionen, die mindestens 3000 m über Meer liegen.

b Der Schwanz des Alpenmurmeltiers ist etwa halb so lang wie sein Körper.

c Ein Alpenmurmeltier hat total 18 Zehen.

d Eine Alpenmurmeltierfamilie sammelt bis zu 16 kg Heu als Nahrung für den Winter.

e Beim Winterschlaf sinkt die Körpertemperatur des Alpenmurmeltiers um 34 Grad Celsius.

f Im Sommer schlägt das Herz eines Alpenmurmeltiers pro Minute 20-mal häufiger als im Winter.

3 Beantworte die Frage und beschreibe dein Vorgehen.

a Wie lang ist ein Alpenmurmeltier von der Nasenspitze bis zur Schwanzspitze?

b Wie viel wiegt ein junges Männchen vor seinem ersten Winterschlaf?

c Wie schwer ist ein Männchen nach dem Winterschlaf ungefähr, wenn es vor dem Winterschlaf 6 kg 300 g wog?

d Wie oft atmest du pro Minute, wenn du dich nicht bewegst? Vergleiche deinen Wert mit dem eines Alpenmurmeltiers im Winterschlaf.

e Wie oft schlägt das Herz eines Alpenmurmeltiers im Sommer pro Stunde? Vergleiche mit dem Herz eines erwachsenen Menschen, das pro Stunde im Durchschnitt 4200-mal schlägt.

f Wie viel Fett muss ein erwachsenes Alpenmurmeltier pro Monat durchschnittlich zulegen, wenn es von Anfang April bis Ende September Zeit hat, sich seine Fettschicht für den Winterschlaf anzufuttern?

Grössen und Daten **Sachaufgaben**

4 Wetterprognosen für einen Tag im Juni

Die Karte zeigt das Wetter sowie die Tagestiefst- und die Tageshöchsttemperatur an. Üblicherweise wird das Temperaturminimum am frühen Morgen, das Temperaturmaximum am Nachmittag erreicht.

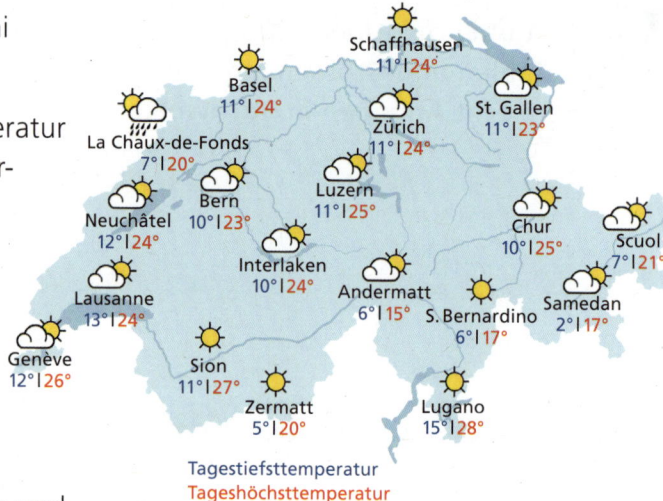

Schaffhausen 11° | 24°
Basel 11° | 24°
St. Gallen 11° | 23°
La Chaux-de-Fonds 7° | 20°
Zürich 11° | 24°
Bern 10° | 23°
Luzern 11° | 25°
Neuchâtel 12° | 24°
Chur 10° | 25°
Scuol 7° | 21°
Interlaken 10° | 24°
Lausanne 13° | 24°
Andermatt 6° | 15°
S. Bernardino 6° | 17°
Samedan 2° | 17°
Genève 12° | 26°
Sion 11° | 27°
Zermatt 5° | 20°
Lugano 15° | 28°

Tagestiefsttemperatur
Tageshöchsttemperatur

a Wo wird an diesem Tag die höchste und wo die tiefste Temperatur gemessen?

b An welchem Ort ist die Temperaturschwankung (der Unterschied zwischen der Tagestiefst- und der Tageshöchsttemperatur) am grössten? Wie gross ist sie?

c An welchem Ort ist die Temperaturschwankung am kleinsten? Wie gross ist sie?

d Erstelle eine Tabelle mit den Tagestiefsttemperaturen, den Tageshöchsttemperaturen und den berechneten Temperaturschwankungen für die Orte Genève, Zermatt, Bern, Lugano, Zürich und Samedan.

	Genève	Zermatt	...
Tagestiefsttemperatur			
Tageshöchsttemperatur			
Temperaturschwankung			

e Nenne Vor- und Nachteile einer Tabelle gegenüber der Darstellung auf der Landkarte.

---

5 Wetterprognose für sechs Tage im Juni

Samstag	Sonntag	Montag	Dienstag	Mittwoch	Donnerstag
9° 23°	11° 25°	12° 27°	14° 24°	13° 22°	11° 18°

Tagestiefsttemperatur   Tageshöchsttemperatur

a Erstelle ein Säulendiagramm für die Temperaturangaben der sechs Tage. Wähle für die Tagestiefst- und die Tageshöchsttemperaturen je eine Farbe.

b Beschreibe die Wetterentwicklung in einem kurzen Text.

6 Sonnenaufgänge und Sonnenuntergänge in Zürich

Datum	Sonnenaufgang	Sonnenuntergang
21. Januar 2015	08:03	17:10
21. Februar 2015	07:20	17:58
21. März 2015	06:26	18:39
21. April 2015	06:25	20:23
21. Mai 2015	05:41	21:02
21. Juni 2015	05:29	21:26
21. Juli 2015	05:51	21:13
21. August 2015	06:30	20:27
21. September 2015	07:11	19:26
21. Oktober 2015	07:53	18:27
21. November 2015	07:39	16:44
21. Dezember 2015	08:10	16:37

a Wie lange dauert der Tag (Dauer vom Sonnenaufgang bis zum Sonnenuntergang) am 21. Februar 2015?

b Erstelle ein Säulen- oder Balkendiagramm für die zwölf Sonnenaufgangszeiten. Was fällt dir auf?

c Erstelle eine Tabelle mit den zwölf Tageslängen. Was fällt dir auf?

d Wie gross ist der Unterschied zwischen dem kürzesten und dem längsten dieser Tage?

e Schätze, wann die Sonne am 22. August 2015 aufgeht.
Berechne aufgrund deiner Schätzung, wie lange die Nacht vom 21. August auf den 22. August 2015 ungefähr dauert.

f Vergleiche die Zeiten für die Monate Januar bis April im Jahr 2015 und im Jahr 2016. Was fällt dir auf? Versuche, deine Beobachtung zu erklären.

Datum	Sonnenaufgang	Sonnenuntergang
21. Januar 2016	08:03	17:10
21. Februar 2016	07:20	17:58
21. März 2016	06:24	18:40
21. April 2016	06:24	20:24

g Am 29. März 2015 werden die Uhren auf Sommerzeit umgestellt. Am 25. Oktober 2015 werden die Uhren um eine Stunde auf Winterzeit zurückgestellt.
Erstelle ein Säulen- oder Balkendiagramm für die zwölf Sonnenaufgangszeiten aus dem Jahr 2015 ohne Sommerzeit. Was fällt dir auf?

Zum Weiterdenken: S. 180, Aufgabe 12

Geometrie Symmetrie

Symmetrie

1 **Wie viele Symmetrieachsen haben die Figuren?**

Kontrolliere mit einem Spiegel oder Halbspiegel.

a

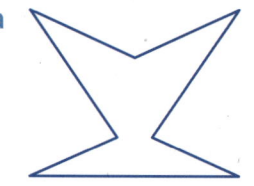

b

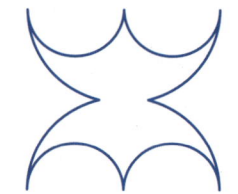

c

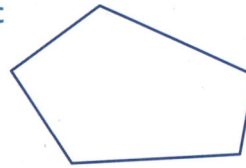

d

e

f

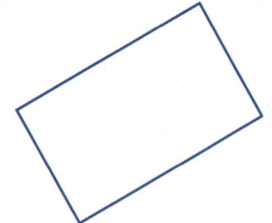

2 **Spiegle Figuren.**

a
- Zeichne zwei zueinander senkrechte Geraden.
- Zeichne in eines der vier Felder eine Figur.
- Spiegle die Figur an einer der beiden Geraden.
- Spiegle die Figur und ihr Spiegelbild an der anderen Geraden.

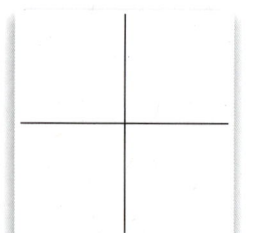

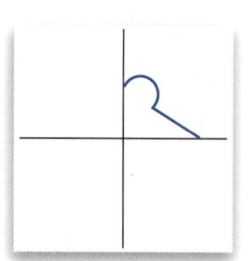

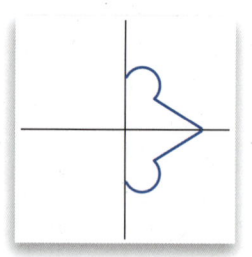

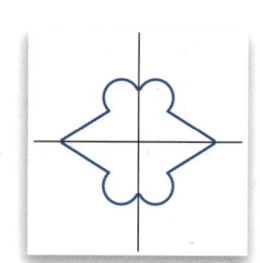

b Experimentiere, indem du verschiedene Figuren zeichnest und spiegelst.

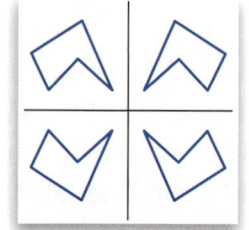

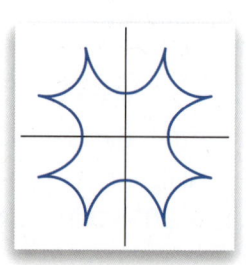

140

3 Drehe Figuren.

a ▸ Zeichne zwei zueinander senkrechte Geraden auf ein grosses Papier. Zeichne auf ein kleines quadratisches Papier eine einfache Figur. Lege das kleine Papier passend in eines der Felder des grossen Papiers. Übertrage die Geraden und die Figur auf ein Protokollblatt.

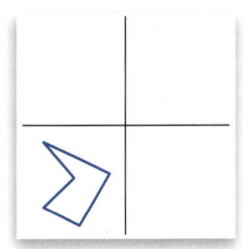

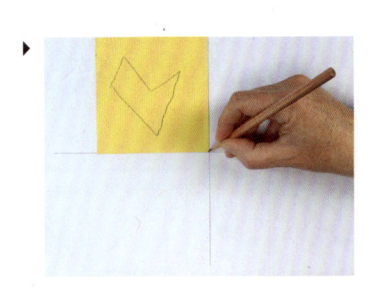

▸ Halte den Stift auf die Ecke des kleinen Papiers, die beim Schnittpunkt der beiden Geraden liegt. Hier ist der Drehpunkt. Drehe das kleine Papier ins nächste Feld. Ergänze die Figur auf dem Protokollblatt.

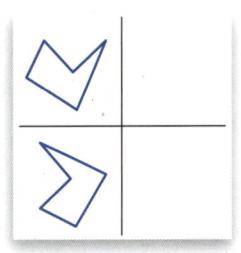

▸ Drehe das kleine Papier ins nächste Feld. Ergänze die Figur auf dem Protokollblatt.

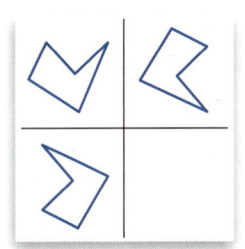

▸ Drehe das kleine Papier ein letztes Mal. Ergänze die Figur auf dem Protokollblatt.

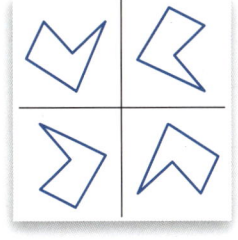

b Experimentiere, indem du verschiedene Figuren zeichnest und drehst.

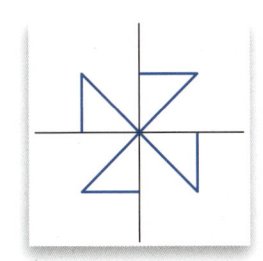

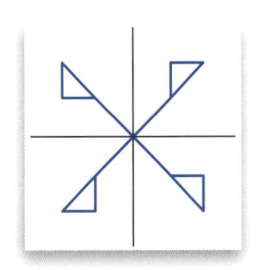

Geobrett-Spiegelungen

▸ Spanne auf einem Geobrett zwei zueinander senkrechte Geraden und eine Figur.

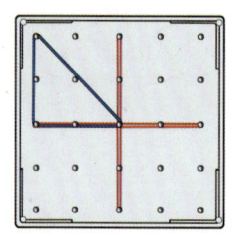

▸ Spiegle die Figur an einer der beiden Geraden. Spanne das Spiegelbild auf dem Geobrett.

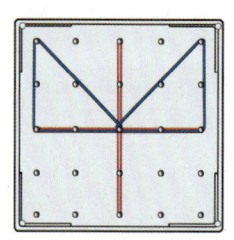

▸ Spiegle nun die Figur und ihr Spiegelbild an der anderen Geraden. Spanne das Spiegelbild auf dem Geobrett.

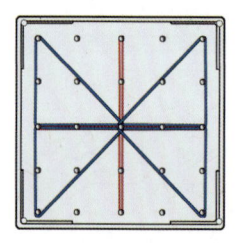

▸ Übertrage die Figur mit ihren Spiegelbildern auf ein Protokollblatt.

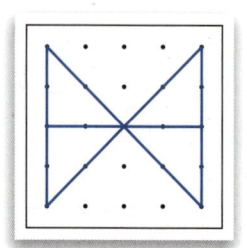

Geobrett-Drehungen

▸ Spanne auf einem Geobrett zwei zueinander senkrechte Geraden und eine Figur. Übertrage die Figur auf ein Protokollblatt.

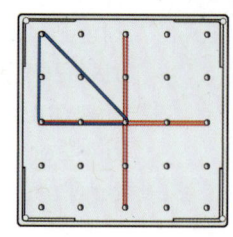

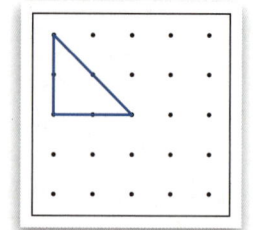

▸ Drehe das Geobrett. Ergänze die Figur auf dem Protokollblatt.

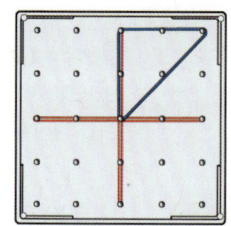

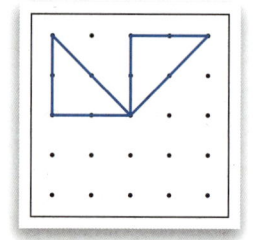

▸ Drehe das Geobrett. Ergänze die Figur auf dem Protokollblatt.

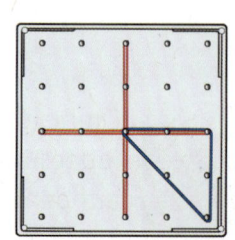

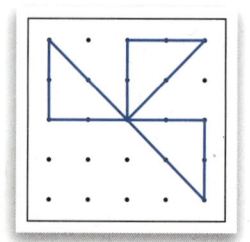

▸ Drehe das Geobrett ein letztes Mal. Ergänze die Figur auf dem Protokollblatt.

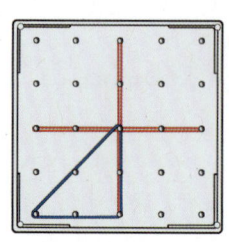

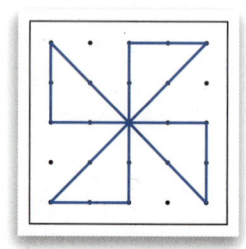

4 Spanne die Figur. Spiegle und zeichne nach der Anleitung «Geobrett-Spiegelungen».

a   b 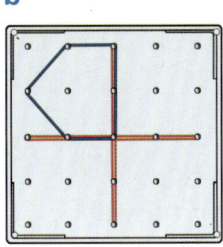   c 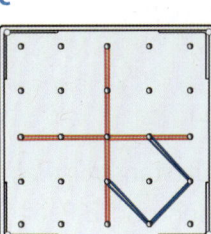   d

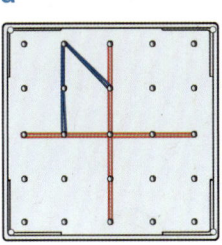

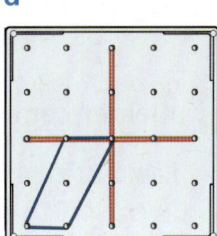

e   Spanne und spiegle weitere Figuren.

5 Spanne die Figur. Drehe und zeichne nach der Anleitung «Geobrett-Drehungen».

a   b 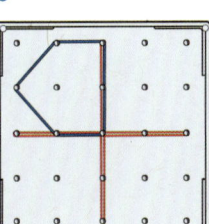   c 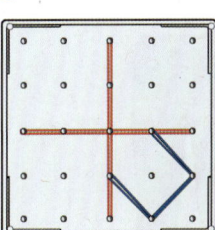   d

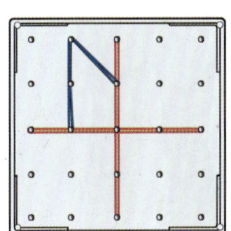

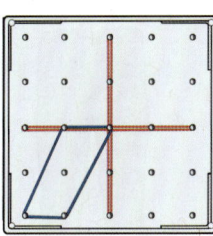

e   Spanne und drehe weitere Figuren.

6 Figuren spiegeln und drehen.

- Zeichne zwei zueinander senkrechte Geraden und eine Figur.
  Zeichne die an den Geraden gespiegelten Figuren.
  Kontrolliere mit einem Spiegel oder Halbspiegel.
- Zeichne zwei zueinander senkrechte Geraden und eine Figur.
  Zeichne die gedrehten Figuren.
  Hinweis: Du kannst die Figur auf ein zusätzliches Papier abzeichnen und dieses drehen.

a   b 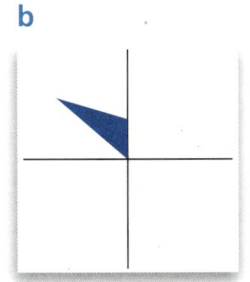   c 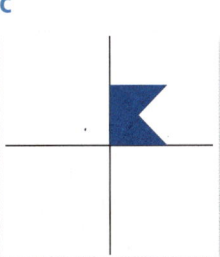   d

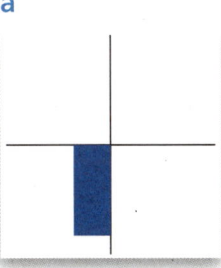

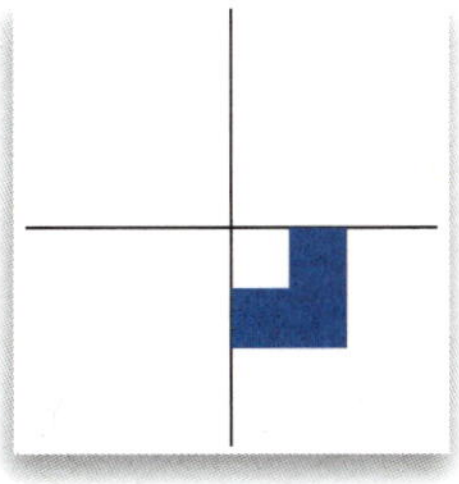

Zum Weiterdenken: S. 172 und 173, Aufgaben 9 bis 11

Grössen und Daten   Regeln und Strategien

Regeln und Strategien

Kombinieren mit System

1 Kleider kombinieren.

Fabio ist zu einer Geburtstagsparty eingeladen.
Er hat 4 T-Shirts, 2 Hosen und 2 Paar Schuhe zur Auswahl,
die er anziehen könnte.

a   Zeichne acht Möglichkeiten, wie sich Fabio anziehen könnte.

b   Wie viele Möglichkeiten hat er, wenn er zum roten T-Shirt eine Hose und ein Paar Schuhe anziehen will? Begründe deine Antwort.

c   Wie viele Möglichkeiten hat er, wenn er zur blauen Hose ein T-Shirt und ein Paar Schuhe anziehen will? Begründe deine Antwort.

d   Wie viele Möglichkeiten hat er, wenn er alles miteinander kombinieren darf? Begründe deine Antwort.

144

Kombinieren, variieren, systematisch probieren

Rechendreiecke

Bei einem Rechendreieck ist die Zahl an jeder Seitenlinie gleich gross wie die Summe der beiden angrenzenden Eckzahlen.

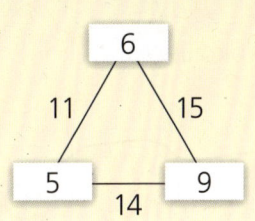

Beispiel: Ecken 6, 5, 9; Seiten 11, 15, 14.

2 Zeichne ein Rechendreieck mit den vorgegebenen Zahlen. Ergänze die fehlenden Zahlen.

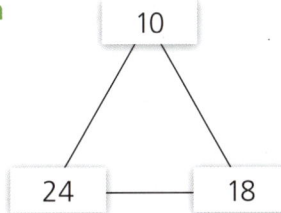

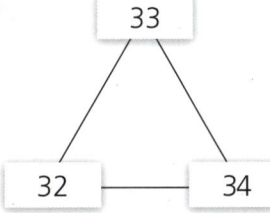

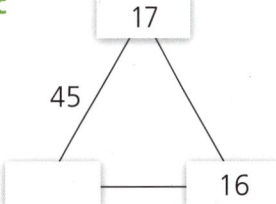

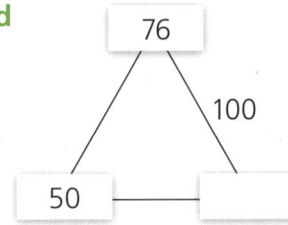

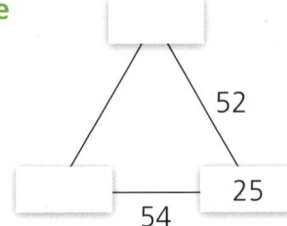

a) Spitze 10; Seiten 24, 18
b) Spitze 33; Seiten 32, 34
c) Spitze 17; linke Seite 45; rechte Ecke 16
d) Spitze 76; rechte Seite 100; linke Ecke 50
e) linke Seite 52; Basis 54; rechte Ecke 25
f) linke Seite 180; rechte Seite 150; linke Ecke 93

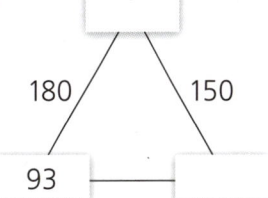

3 Zeichne ein Rechendreieck mit den vorgegebenen Zahlen.

a) 2, 3, 4, 5, 6, 7
b) 20, 90, 100, 110, 120, 190
c) 29, 37, 66, 84, 113, 121
d) 200, 400, 600, 1600, 1800, 2000

4 Rechendreiecke zum Knobeln

Zeichne ein Rechendreieck mit den vorgegebenen Zahlen. Ergänze die fehlenden Zahlen.

a) linke Seite 19; rechte Seite 16; Basis 15
b) linke Seite 120; rechte Seite 130; Basis 150
c) linke Seite 61; rechte Seite 43; Basis 56

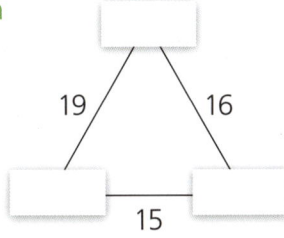

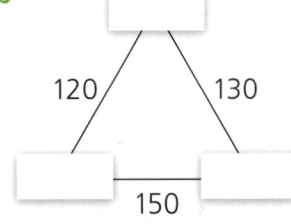

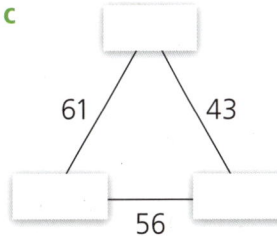

5 Zufallsexperimente protokollieren

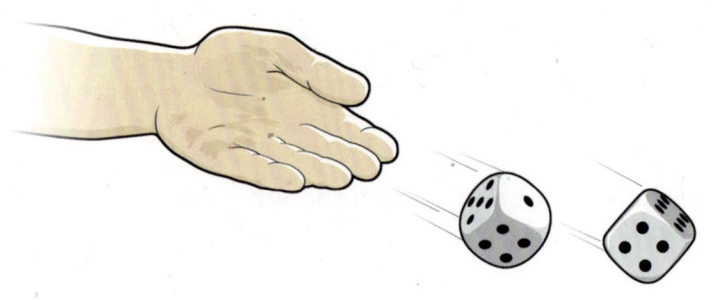

Würfle mehrmals mit zwei Würfeln.

Protokolliere mit Strichen, wie oft die Aussage A und wie oft die Aussage B zutrifft. Würfle so lange, bis du eine Vermutung hast, ob Fall A oder Fall B wahrscheinlicher ist.

a Welcher Fall ist wahrscheinlicher?

    A Die Summe der beiden Zahlen ist 10, 11 oder 12.
    B Die Summe der beiden Zahlen ist kleiner als 10.

b Welcher Fall ist wahrscheinlicher?

    A Das Produkt der beiden Zahlen ist gerade.
    B Das Produkt der beiden Zahlen ist ungerade.

c Welcher Fall ist wahrscheinlicher?

    A Die Differenz der beiden Zahlen beträgt 3, 4 oder 5.
    B Die Differenz der beiden Zahlen beträgt 0, 1 oder 2.

d Welcher Fall ist wahrscheinlicher?

    A Mindestens ein Würfel zeigt eine 1 oder eine 2.
    B Keiner der Würfel zeigt eine 1 oder eine 2.

6 Strategiespiel: Immer 3 Punkte umdrehen

Zum Spielen brauchst du Wendepunkte.
Lege die Wendepunkte wie abgebildet hin. Bei jedem Spielzug musst du drei nebeneinanderliegende Wendepunkte umdrehen. Ziel des Spiels ist, dass nach möglichst wenigen Spielzügen bei allen Wendepunkten die rote Fläche oben ist.

Notiere, wie viele Spielzüge du brauchst.

a ● ● ● ● ●

b ● ● ● ● ● ●

c ● ● ● ● ● ● ●

d ● ● ● ● ● ● ● ●

7 Strategiespiel: Schieben und hüpfen

Zum Spielen brauchst du Wendepunkte.
Zeichne den Spielplan und lege die Wendepunkte wie abgebildet hin.
Bei jedem Spielzug darfst du …

… einen Wendepunkt auf ein benachbartes freies Feld schieben …

… oder mit einem Wendepunkt über einen benachbarten Wendepunkt auf ein freies Feld hüpfen.

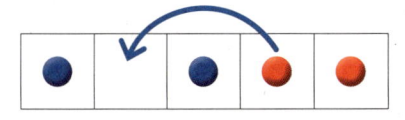

Ziel des Spiels ist, dass nach möglichst wenigen Spielzügen die roten und die blauen Wendepunkte ihre Positionen getauscht haben.

Notiere, wie viele Spielzüge du brauchst.

a
b
c

Zum Weiterdenken: S. 181, Aufgaben 13 bis 14

Zum Weiterdenken

Zahlen und Ziffern	150–153
Addition und Subtraktion	154–159
Multiplikation und Division	160–167
Geometrie	168–173
Grössen und Daten	174–181

Zum Nachschlagen

Zahlen und Ziffern	182
Addition und Subtraktion	183
Multiplikation und Division	183
Geometrie	184–185
Grössen und Daten	186–187

Zum Weiterdenken Zahlen und Ziffern

Mehr als 1000

W1 Stimmt das?
Wie hast du die Behauptungen überprüft?

a Ein dickes Buch kann mehr als 1000 Seiten haben.

b Ein Häuschenpapier im Format A4 hat mehr als 5000 Häuschen.

c Ein ausgewachsenes Nashorn wiegt mehr als 6000 kg.

d Eine Giraffe kann mehr als 3000 mm hoch sein.

e Eine Stunde hat mehr als 2000 Sekunden.

f Ein Jahr hat mehr als 10 000 Stunden.

g Stelle eigene Behauptungen mit Zahlen über 1000 auf. Überprüfe deine Behauptungen.

1000 Tausender

W2 Führt die Zahlenfolge genau zur Zahl 100 000? Vermute und überprüfe.

a 0, 10 000, 20 000, …

b 0, 13 000, 26 000, …

c 0, 15 000, 30 000, …

d 0, 7000, 14 000, …

e 0, 12 000, 24 000, …

f 0, 4000, 8000, …

W3 Führt die Zahlenfolge genau zur Zahl 1 000 000? Vermute und überprüfe.

a 25 000, 50 000, 100 000, …

b 112 000, 223 000, 334 000, …

c 640 000, 680 000, 720 000, …

d 520 000, 620 000, 710 000, 790 000, 860 000, …

e 100 000, 90 000, 190 000, 180 000, 280 000, 270 000, …

W4 Finde Zahlenfolgen, die genau zur Zahl 1 000 000 führen.

Stellenwert

Die Tabelle zeigt alle Zahlen mit einer Wertziffer, die kleiner als 1 000 000 sind.

1	2	3	4	5	6	7	8	9
10	20	30	40	50	60	70	80	90
100	200	300	400	500	600	700	800	900
1000	2000	3000	4000	5000	6000	7000	8000	9000
10 000	20 000	30 000	40 000	50 000	60 000	70 000	80 000	90 000
100 000	200 000	300 000	400 000	500 000	600 000	700 000	800 000	900 000

a Welche drei Zahlen in der Tabelle ergeben die Summe 5300?
Finde alle sechs Möglichkeiten.

b Wähle mehrere Hunderttausender-Zahlen. Subtrahiere jeweils alle anderen Zahlen in der gleichen Spalte (z. B. 700 000 − 70 000 − 7000 − 700 − 70 − 7 =).
Beschreibe die Gemeinsamkeiten der Resultate.

c Rechne die Summe aller Zahlen in der Tabelle aus, die kleiner als 1000 sind.

d Erfinde eine eigene Aufgabe zur Tabelle und löse sie.

Ziffern und Zahlen

Palindrome sind Zeichenketten (Wörter oder Zahlen), die von links nach rechts und von rechts nach links gelesen genau gleich lauten.

Beispiele: 6776   242   80508   ANNA   RENTNER

a Auf einem Personenzähler an einer Schranke wird die Zahl **15 951** angezeigt.
Eine Kontrolleurin bemerkt, dass die Zahl ein Palindrom ist. Keine 200 Personen später zeigt der Zähler wieder ein Palindrom an.
- Welche Zahl steht auf dem Zähler? Beschreibe deine Überlegungen.
- Wie viele Personen haben in der Zwischenzeit die Schranke durchschritten?

b Ein Kontrolleur sieht auf seinem Personenzähler das Palindrom **151 151**.
- Bei welchem Zählerstand sieht er das nächste Palindrom?
Beschreibe deine Überlegungen.
- Wie viele Personen haben in der Zwischenzeit die Schranke durchschritten?

c Finde weitere Paare von aufeinanderfolgenden Palindromen. Berechne die Differenz zwischen den beiden Palindromen. Beschreibe, was dir auffällt. Versuche, deine Beobachtungen zu erklären.

Zum Weiterdenken Zahlen und Ziffern

Zahlenstrahl

W7

> In 10 Tagen könnte ich in 1er-Schritten von 1 bis 1 000 000 zählen, wenn ich keine Pause machen würde.

Stimmt die Aussage?

Überprüfe wie folgt:
Starte bei verschiedenen Zahlen. Zähle je 10 Zahlen weiter und miss die Zeit, die du dafür brauchst. Versuche anhand der gemessenen Zeitdauer abzuschätzen, ob 10 Tage reichen, um von 1 bis 1 000 000 zu zählen.

> sieben-hundert-sechs-und-dreissig-tausend-fünf-hundert-vier-und-vierzig
>
> sieben-hundert-sechs-und-dreissig-tausend-fünf-hundert-fünf-und-vierzig
>
> Elena

Denk daran, dass die meisten Zahlen von 1 bis 1 000 000 sechsstellig sind.

Zahlen ordnen

W8 Wenn Zahlen nicht mit Ziffern sondern als Wort geschrieben werden, können sie alphabetisch geordnet werden.

   a Schreibe die Zahlen 1 bis 20 als Wort und ordne sie alphabetisch.

   b Welche Zahlen zwischen 1 und 100 beginnen mit dem Buchstaben a? Schreibe sie als Wort und ordne sie alphabetisch.

   c Welche Zahlen zwischen 1 und 100 beginnen mit dem Buchstaben z? Schreibe sie als Wort und ordne sie alphabetisch.

   d Stell dir vor, die Zahlen von 1 bis 100 sind als Wort geschrieben und alphabetisch geordnet. Welche Zahlen stehen direkt vor und nach «sieben-und-zwanzig»?

   e Stell dir vor, die Zahlen von 1 bis 1 000 000 sind als Wort geschrieben und alphabetisch geordnet. Wie heissen die drei ersten und die drei letzten Zahlen?

Zahlen untersuchen

W9 Setze die Zahlenfolge um mindestens zwei Zahlen fort.

Wie lautet die hundertste Zahl der Zahlenfolge?
Beschreibe die Zahl, wenn sie zum Aufschreiben zu gross ist.

a 7, 14, 21, 28, 35, …

b 1, 10, 100, 1000, 10 000, …

c 1, 6, 2, 7, 3, 8, …

d 1, 4, 9, 16, 25, …

W10 Quadratmuster mit Löchern

Figur 1: Die Figur 1 besteht aus einem blauen Quadrat.

Figur 2: Die Figur 2 besteht aus acht blauen Quadraten (Figur 1), die zu einem grösseren Quadrat mit einem weissen Loch in der Mitte zusammengefügt werden.

Figur 3: Die Figur 3 besteht aus acht Quadraten der Figur 2, die zu einem noch grösseren Quadrat mit einem noch grösseren weissen Loch in der Mitte zusammengefügt werden.

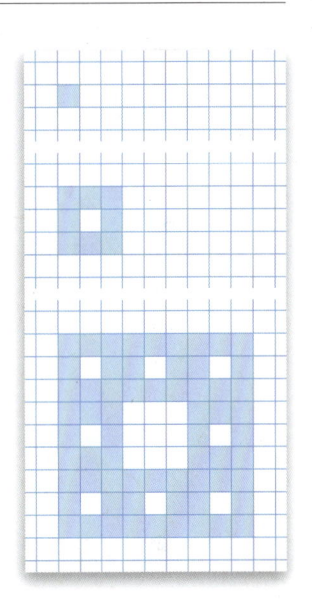

Nach der gleichen Regel werden Schritt für Schritt weitere Figuren gebildet.

a Aus wie vielen blauen Quadraten besteht die Figur 5 der Folge?

b Wie viele weisse Löcher hat die Figur 5?

Zum Weiterdenken Addition und Subtraktion

Addieren

W1 Bilde Summen.

Versuche mit einigen der erlaubten Zahlen die gewünschte Summe zu bilden. Pro Summe darf jede Zahl immer höchstens einmal verwendet werden. Finde je zwei Möglichkeiten.

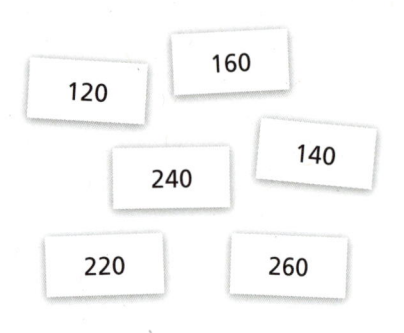

erlaubte Zahlen

120 160 240 140 220 260

gewünschte Summe

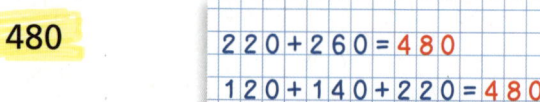

480

220 + 260 = 480
120 + 140 + 220 = 480

a 500

b 520

c 660

erlaubte Zahlen

73 188 107 22 90 56 112 171

gewünschte Summe

d 283

e 373

f 275

g 446

Subtrahieren

W2 Bilde mit den neun Zahlen drei korrekte Subtraktionen.

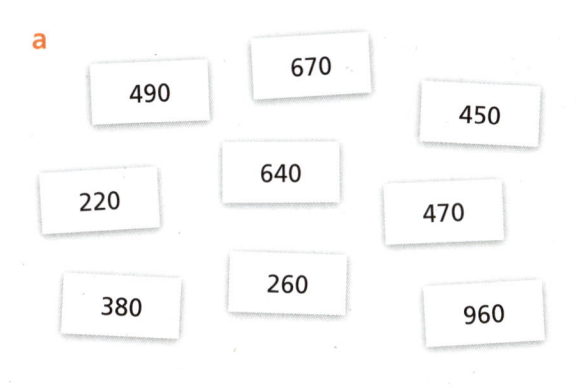

a

490, 670, 450, 640, 220, 470, 380, 260, 960

☐ − ☐ = ☐

☐ − ☐ = ☐

☐ − ☐ = ☐

b

212, 613, 603, 298, 48, 555, 510, 353, 260

☐ − ☐ = ☐

☐ − ☐ = ☐

☐ − ☐ = ☐

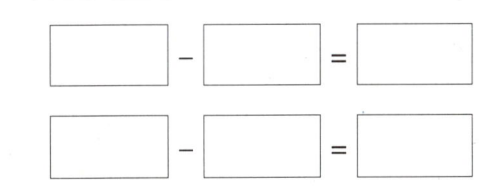

Rechenstrategien Addition

W3 Es gibt 54 Zahlen mit einer Wertziffer, die kleiner als eine Million sind:

1, 2, 3, …, 9
10, 20, 30, …, 90
100, 200, 300, …, 900
1000, 2000, 3000, …, 9000
10 000, 20 000, 30 000, …, 90 000
100 000, 200 000, 300 000, …, 900 000

a Wie gross ist die Summe der 54 Zahlen?

b Wie viele Möglichkeiten gibt es, mit genau 3 dieser Zahlen die Summe 210 000 zu erreichen. Jede Zahl darf höchstens einmal verwendet werden.

c Wie viele Möglichkeiten gibt es, mit genau 4 dieser Zahlen die Summe 100 000 zu erreichen. Jede Zahl darf höchstens einmal verwendet werden.

Zum Weiterdenken Addition und Subtraktion

Schriftliche Addition

W4 Rechne aus und vergleiche die Resultate.
Finde eine weitere Rechnung, die zu den drei Additionen passt.

a   654 + 456
    2468 + 8642
    123 789 + 987 321

b   222 + 555 + 666 + 777
    1111 + 4444 + 7777 + 8888
    22 222 + 44 444 + 55 555 + 99 999

W5 Addiere die Zahlen.

a   01
    12
    23
    34
    45
    56
    67
    78
    89
    90
    ___

b   012
    123
    234
    345
    456
    567
    678
    789
    890
    901
    ___

c   01234
    12345
    23456
    34567
    45678
    56789
    67890
    78901
    89012
    90123
    ___

W6 Ersetze die Sternchen durch Ziffern, sodass korrekte Rechnungen entstehen.
Benutze die Ziffern 0, 1, 2, 3, 7, 8 und 9 in jeder Rechnung einmal.

a   4*67
    1*82
    32
    54
    ____
    1*210

b   *4*3
    1**6
    2572
    5666
    ____
    *2*2*

c   54*6
    *37
    4**
    *534
    ____
    **60

Rechenstrategien Subtraktion

W7 Zeichne die Zahlenmauern und ergänze die fehlenden Zahlen.

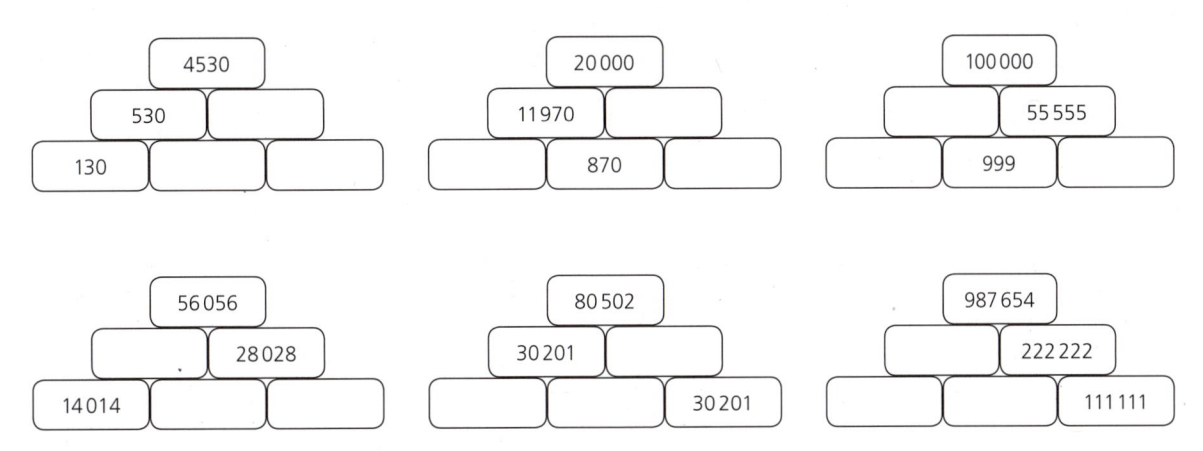

Zahlenmauer 1:
- Deckstein: 4530
- Mitte: 530, ___
- Unten: 130, ___, ___

Zahlenmauer 2:
- Deckstein: 20000
- Mitte: 11970, ___
- Unten: ___, 870, ___

Zahlenmauer 3:
- Deckstein: 100000
- Mitte: ___, 55555
- Unten: ___, 999, ___

Zahlenmauer 4:
- Deckstein: 56056
- Mitte: ___, 28028
- Unten: 14014, ___, ___

Zahlenmauer 5:
- Deckstein: 80502
- Mitte: 30201, ___
- Unten: ___, ___, 30201

Zahlenmauer 6:
- Deckstein: 987654
- Mitte: ___, 222222
- Unten: ___, ___, 111111

W8 In dieser Zahlenmauer mit dem Deckstein 300 kommt die Ziffer 2 genau viermal vor.

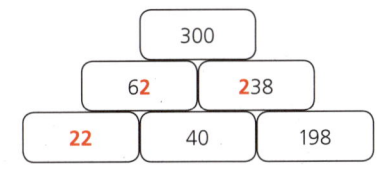

Zahlenmauer:
- Deckstein: 300
- Mitte: 6**2**, **2**38
- Unten: **2**2, 40, 198

a Finde dreistöckige Zahlenmauern mit dem Deckstein 300, in denen die Ziffer 2 möglichst oft vorkommt.

b Finde dreistöckige Zahlenmauern mit dem Deckstein 3000, in denen die Ziffer 2 möglichst oft vorkommt.

c Finde vierstöckige Zahlenmauern mit dem Deckstein 300, in denen die Ziffer 2 möglichst oft vorkommt.

Zum Weiterdenken Addition und Subtraktion

Schriftliche Subtraktion

W9 Ersetze die Sternchen durch Ziffern, sodass korrekte Rechnungen entstehen.
Benutze die Ziffern 1, 2, 3, 4, 5 und 6 in jeder Rechnung einmal.

a
```
  9*8*5
− **169
  *166*
```

b
```
  21**0
−  1***
   8757
```

c
```
  86921
−  7**7*
   **54*
```

W10

a
- Wähle zwei vierstellige Zahlen und bestimme ihre Differenz.
- Vertausche dann die Einerziffern der beiden Zahlen. Um wie viel verändert sich dadurch die Differenz?
- Um wie viel verändert sich die Differenz, wenn du statt der Einerziffern die Zehnerziffern vertauschst?
- Um wie viel verändert sich die Differenz, wenn du die Hunderterziffern vertauschst?

b Experimentiere mit verschiedenen vierstelligen Zahlen.
Um wie viel verändert sich die Differenz, wenn du die Einerziffern (Zehnerziffern, Hunderterziffern) der beiden Zahlen vertauschst?

c Wähle zwei vierstellige Zahlen und bestimme ihre Differenz. Versuche vorauszusagen, um wie viel sich die Differenz ändern wird, wenn du die Einerziffern (Zehnerziffern, Hunderterziffern) vertauschst. Überprüfe deine Vermutung.

d Beschreibe eine Regel, um wie viel sich die Differenz verändert, wenn man die Einerziffern (Zehnerziffern, Hunderterziffern) von zwei vierstelligen Zahlen vertauscht. Versuche deine Regel zu erklären.

Flexibel addieren und subtrahieren

W11 Versuche, mit möglichst wenigen Rechenschritten von der Startzahl zur Zielzahl zu gelangen.

Startzahl: 300, Zielzahl: 725
erlaubte Rechenschritte: +3, −3, +8, −8, +70, −70, +90, −90

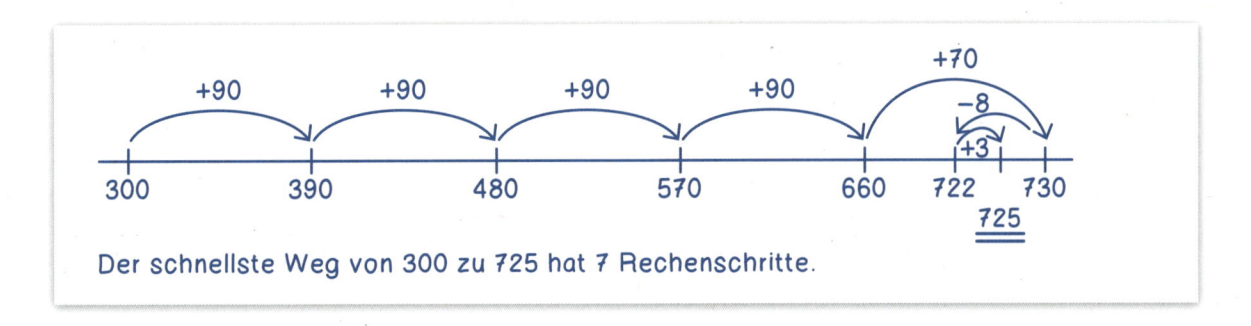

Der schnellste Weg von 300 zu 725 hat 7 Rechenschritte.

	Startzahl	Zielzahl	erlaubte Rechenschritte
a	300	400	+3, +8, +70, +90
b	300	105	
c	300	517	−3, −8, −70, −90
d	300	1	

	Startzahl	Zielzahl	erlaubte Rechenschritte
e	9000	15 000	+900, +1700, +2700, +3900
f	9000	8900	
g	9000	0	−900, −1700, −2700, −3900
h	9000	20 300	

Zum Weiterdenken Multiplikation und Division

Multiplizieren

W1 Bestimme das Doppelte vom Doppelten vom Doppelten der Zahl ...

    a 1250   **b** 32 000   **c** 2075

W2 Löse das Zahlenrätsel.

    a Du verdoppelst das Doppelte einer Zahl und erhältst 500.
Wie heisst die Zahl?

    b Du verdoppelst eine Zahl und erhältst 600.
Mit wie viel musst du diese Zahl multiplizieren, damit du 27 000 erhältst?

    c Welche Zahlen zwischen 40 und 50 haben mit 2000 multipliziert
Resultate zwischen 85 000 und 97 000?

    d Die Summe von zwei Zahlen ist 1000, das Produkt der beiden Zahlen ist 240 000.
Wie heissen die beiden Zahlen?

W3 Bestimme die fehlenden Faktoren.

    a ▬ · 500 = 100 · 35   **b** 200 · 37 = 100 · ▬

        36 · ▬ = 6000 · 6   200 · 37 = 50 · ▬

       120 · 100 = ▬ · 4000   200 · 37 = ▬ · 50

         3 · ▬ = 100 · 27   240 · ▬ = 6000 · 4

        ▬ · 240 = 3000 · 8   480 · 100 = ▬ · 240

    c 1800 · ▬ = 9000 · 2

        ▬ · 100 = 6000 · 3

      18 000 · ▬ = 90 000 · 2

        ▬ · 100 = 2000 · 9

       200 · ▬ = 4 · 5000

W4 Zerlege die Zahl in zwei oder mehr Faktoren. Finde mehrere Möglichkeiten.

    a 20 000   **b** 240 000

Dividieren

W5 Bestimme die Hälfte der Hälfte der Hälfte der Zahl …

    a 10 000   b 2000   c 2720

W6 Dividiere Zahlen mehrmals. Rechne aus.

    a 640 000 : 2 : 4 : 8 : 2 : 5 : 2 : 5

    b 80 000 : 2 : 4 : 5 : 2 : 5

    c 200 000 : 2 : 2 : 5 : 5 : 2 : 5 : 100

    d Dividiere 1 000 000 so oft wie möglich (ohne Rest) durch 5.
       Dividiere dann die erhaltene Zahl so oft wie möglich (ohne Rest) durch 2.

W7 Löse das Zahlenrätsel.

    a Du halbierst die Hälfte einer Zahl und erhältst 500.
       Durch wie viel musst du die Zahl dividieren, damit du 2 erhältst?

    b Bestimme diejenigen Zahlen zwischen 20 000 und 25 000, die sowohl
       ohne Rest durch 300 als auch ohne Rest durch 500 teilbar sind.

    c Wenn du die grössere von zwei Zahlen durch die kleinere dividierst, erhältst du 3.
       Die Differenz der beiden Zahlen ist 6000.
       Wie heissen die beiden Zahlen?

W8 Rechne geschickt.

    a 18 000 : 5 : 3 : 200   b 2400 : 10 : 2 : 3 : 2 : 2
       240 000 : 2 : 30 : 5   360 000 : 20 : 2 : 5 : 5 : 6
       500 000 : 2 : 20 : 500   150 000 : 3 : 2 : 5 : 50 : 50
       45 000 : 3 : 10 : 300   64 000 : 2 : 2 : 2 : 2 : 2

Rechenstrategien Multiplikation

W9 Wie viele sind es?

a 4 Schweine haben je 7 Ferkel. Alle rennen miteinander über eine Wiese. Wie viele Beine sind in Bewegung?

b Beim Umzug einer Bibliothek tragen 5 Helfer in jeder Hand eine Tasche mit durchschnittlich 18 Büchern. Wie viele Bücher tragen die 5 Helfer insgesamt, wenn jeder Helfer 9-mal läuft?

c Ein König besitzt 5 Schlösser. Jedes Schloss hat 60 Zimmer.
In jedem Zimmer steht eine Kommode mit 28 Schubladen.
In jeder Schublade befinden sich 8 Schatullen. Jede Schatulle hat 2 Fächer und in jedem Fach liegen 4 Edelsteine. Wie viele Edelsteine besitzt der König?

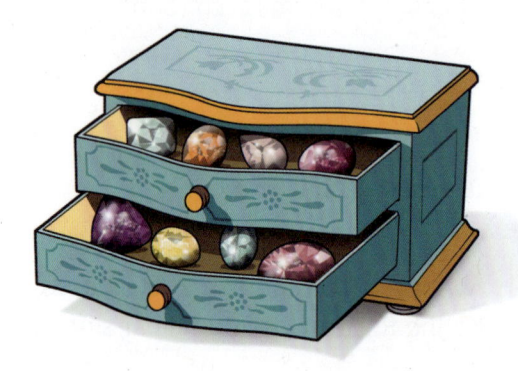

W10 Entschlüssle die beiden Rechenprotokolle zu den Multiplikationen.
Ein Symbol steht in beiden Rechnungen immer für die gleiche Ziffer.

Schriftliche Multiplikation

W11 Multipliziere mit 12 345 679.

a Wähle eine Zahl zwischen 1 und 9. Multipliziere sie zuerst mit 12 345 679 und dann mit 9. Was fällt dir auf, wenn du das Resultat betrachtest?

b Wähle weitere Zahlen zwischen 1 und 9. Multipliziere sie zuerst mit 12 345 679 und dann mit 9. Was fällt dir auf, wenn du die Resultate betrachtest?

c Versuche, deine Beobachtungen zu erklären.

W12 Multipliziere wie John Neper.

John Neper lebte von 1550–1617 in Schottland. Er interessierte sich für Mathematik und entwickelte ein Verfahren, um Multiplikationen einfach auszurechnen. Dazu benutzte er Rechenstäbe.

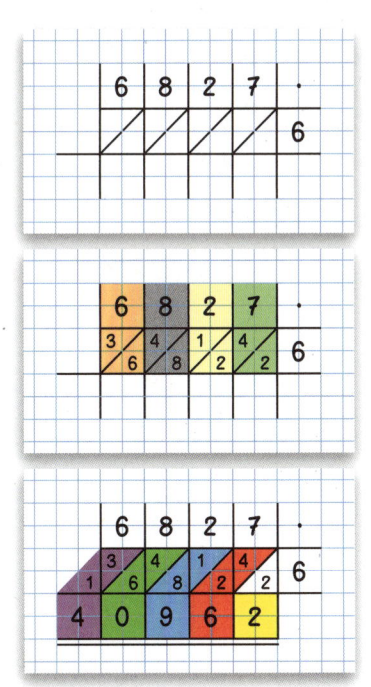

Aus diesem Verfahren von Neper wurde das Rechenverfahren abgeleitet, mit dem hier 6 · 6827 ausgerechnet wird.

Die Farben zeigen, welche Zahlen beim Multiplizieren zusammenhängen.

Die Farben zeigen, welche Zahlen beim anschliessenden Addieren zusammenhängen.

Versuche nachzuvollziehen, wie 6 · 6827 ausgerechnet wurde.

Rechne die Multiplikationen mit diesem Rechenverfahren aus.

a 5 · 239
b 7 · 678
c 6 · 8148
d 3 · 7709
e 8 · 46 251
f 6 · 30 140

Rechenstrategien Division

W13 Setze die Rechnungsfolgen um mindestens zwei Rechnungen fort und rechne aus.

a   1300 : 5
    2300 : 5
    3300 : 5

b   64 : 4
    128 : 4
    256 : 4

c   2790 : 3
    2490 : 3
    2190 : 3

d   5040 : 2
    5040 : 3
    5040 : 4

e   378 : 2
    356 : 2
    334 : 2

f   1866 : 6
    1806 : 6
    1746 : 6

W14 Entschlüssle die beiden Rechenprotokolle zu den Divisionen.
Ein Symbol steht in beiden Rechnungen immer für die gleiche Ziffer.

Schriftliche Division

W15 Dividiere wie im alten Ägypten.

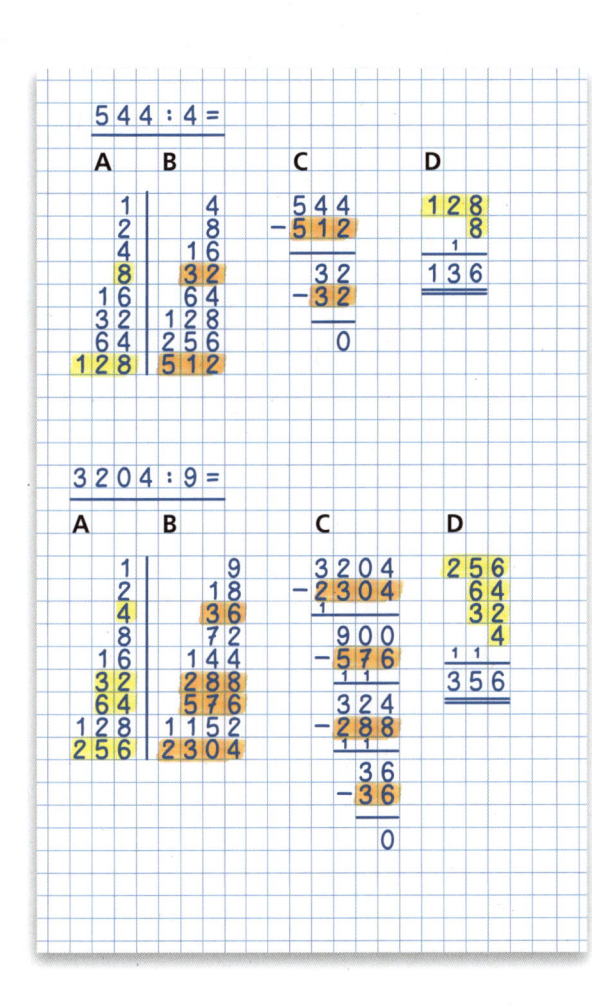

```
544 : 4 =
 A    B       C        D
 1    4      544      128
 2    8     -512        8
 4   16      ___        1
 8   32       32      136
16   64      -32
32  128       0
64  256
128 512
```

```
3204 : 9 =
 A     B        C         D
  1     9     3204       256
  2    18    -2304        64
  4    36    _____        32
  8    72     900          4
 16   144    -576        ___
 32   288    ____        356
 64   576     324
128  1152    -288
256  2304    ____
              36
             -36
             ___
               0
```

A – In der ersten Zeile der Tabelle steht links eine 1 und rechts die Zahl, durch die dividiert wird.

B – Die Zahlen werden von Zeile zu Zeile verdoppelt – bis eine Zahl grösser würde als die Zahl, die dividiert wird.

C – Die orange markierten Zahlen in der rechten Spalte ergeben addiert die Zahl, die dividiert wird.

D – Die gelb markierten Zahlen in der linken Spalte ergeben addiert das Resultat der Division.

Versuche anhand der beiden Beispiele das Divisionsverfahren der alten Ägypter zu verstehen. Rechne die Divisionen mit diesem Rechenverfahren aus.

a 276 : 4   **b** 708 : 6   **c** 1120 : 7

d 2560 : 8 **e** 4347 : 7 **f** 1467 : 3

165

Zum Weiterdenken Multiplikation und Division

Flexibel rechnen

W16 In der Rechenmaschine werden die eingegebenen Zahlen Schritt für Schritt verarbeitet.

Wähle mindestens vier Eingabezahlen und bestimme die Ausgabezahlen.
Vergleiche die Eingabezahlen mit den Ausgabezahlen. Beschreibe, was dir auffällt.
Versuche, deine Beobachtungen zu erklären.

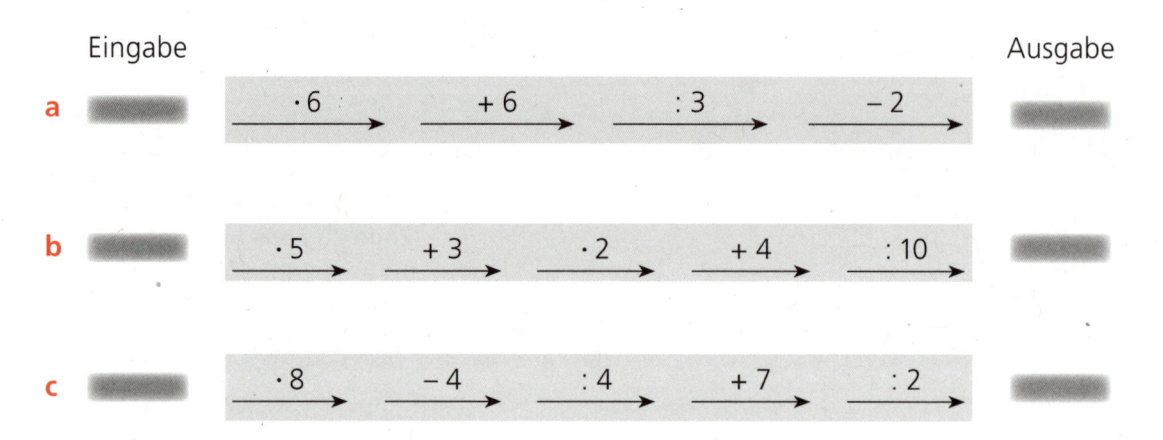

Eingabe → Ausgabe

a ·6 → +6 → :3 → −2

b ·5 → +3 → ·2 → +4 → :10

c ·8 → −4 → :4 → +7 → :2

W17 Finde gleichwertige Rechenmaschinen.

a Die Rechenmaschine «+5→» hat nur einen Rechenschritt.

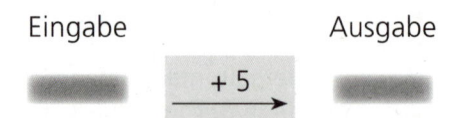

Eingabe → +5 → Ausgabe

Erstelle eine weitere Rechenmaschine mit mindestens vier Rechenschritten.
Beide Rechenmaschinen sollen bei gleichen Eingabezahlen die gleichen Ausgabezahlen liefern.

b Die Rechenmaschine «·3 → +1→» hat zwei Rechenschritte.

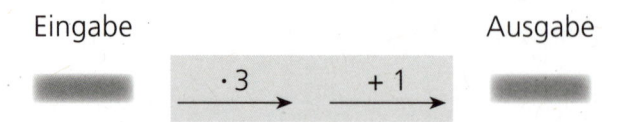

Eingabe → ·3 → +1 → Ausgabe

Erstelle eine weitere Rechenmaschine mit mindestens fünf Rechenschritten.
Beide Rechenmaschinen sollen bei gleichen Eingabezahlen die gleichen Ausgabezahlen liefern.

W18

a Bestimme für die Eingabezahlen 20, 70 und 130 die Ausgabezahlen.

b Wähle eigene Eingabezahlen und bestimme die Ausgabezahlen. Was stellst du fest?

c Finde alle Eingabezahlen, die nach genau sechs Rechenschritten zur Ausgabezahl 1 führen.

d Versuche zu erklären, weshalb es keine weiteren Zahlen gibt, die nach genau sechs Rechenschritten zur Ausgabezahl 1 führen.

e Finde drei Eingabezahlen, die nie zu einer Ausgabezahl führen.

f Welche Eingabezahlen führen nie zu einer Ausgabezahl? Versuche deine Vermutung zu begründen.

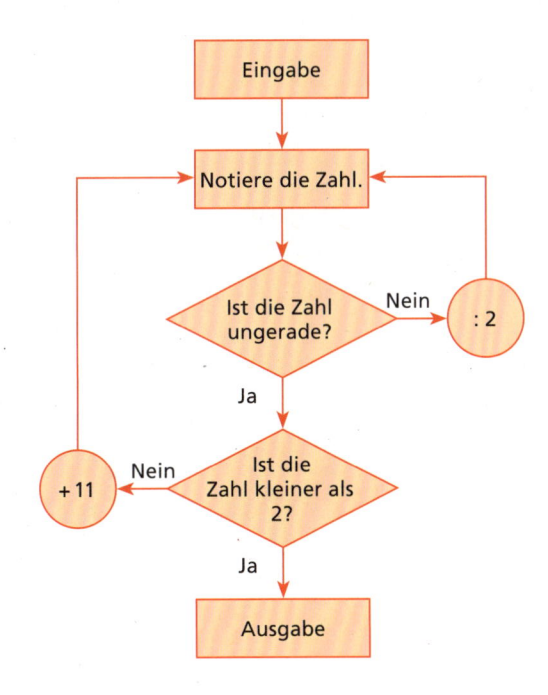

Zum Weiterdenken Geometrie

Raum und Bewegung

W1 Aus wie vielen Häuschen besteht der Flächeninhalt der Figur?

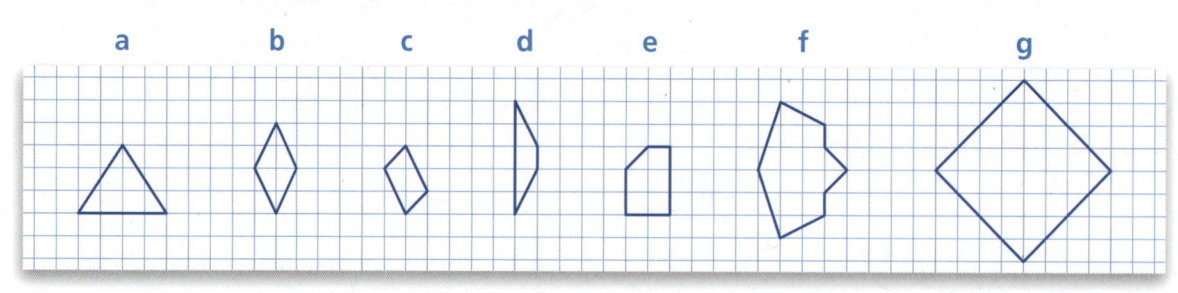

    a   b   c   d   e   f   g

W2 Führe die Folgen fort.

  a Bestimme den Umfang und den Flächeninhalt des 20. Quadrats.

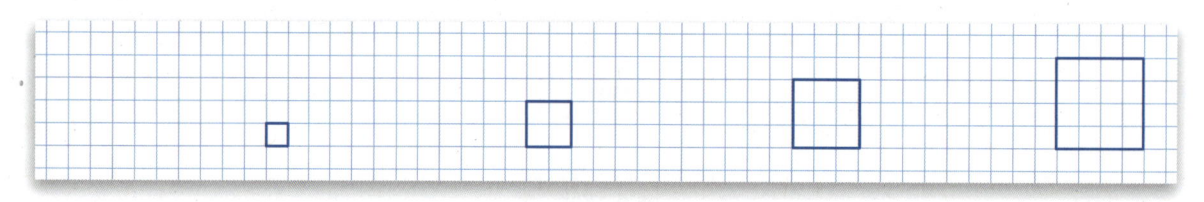

	1. Quadrat	2. Quadrat
Umfang:	4 Häuschenlängen	8 Häuschenlängen
Flächeninhalt:	1 Häuschen	4 Häuschen

  b Bestimme den Flächeninhalt des 20. Dreiecks.

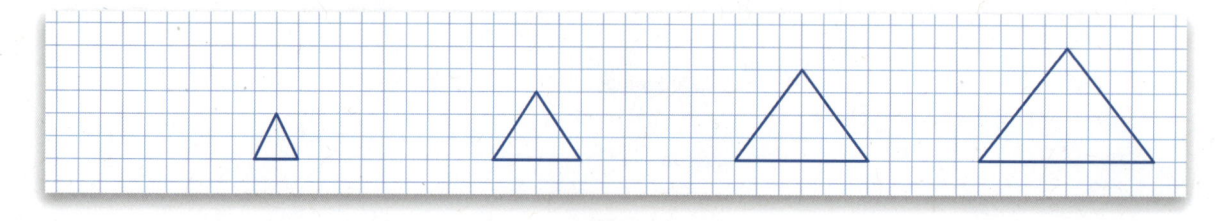

	1. Dreieck	2. Dreieck
Flächeninhalt:	2 Häuschen	6 Häuschen

  c Zeichne eigene Folgen von Figuren und notiere dazu passende Zahlenfolgen.

Linien

W3 Zeichne mit dem Geodreieck ein Bild.
Orientiere dich an der Vorlage.
Achte auf Parallelen.

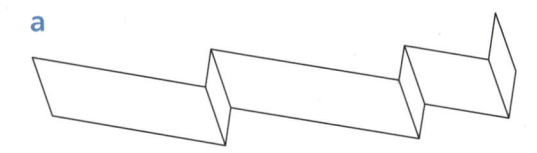

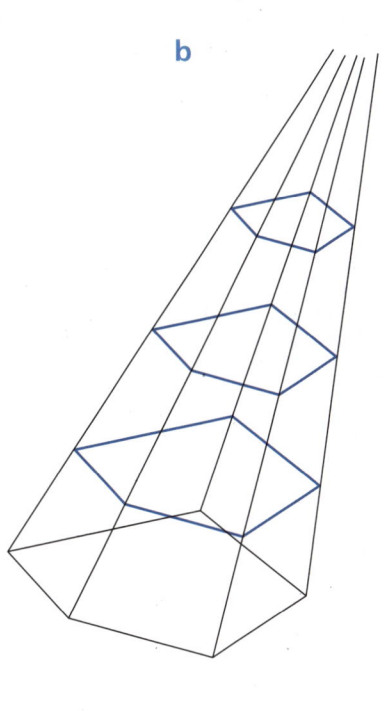

a

b

Formen

W4 Zeichne mit dem Zirkel ein Muster. Orientiere dich an der Vorlage.

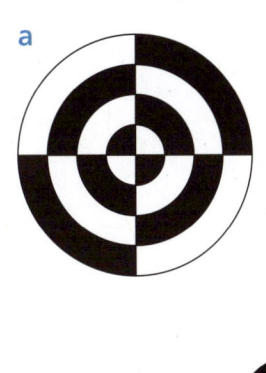

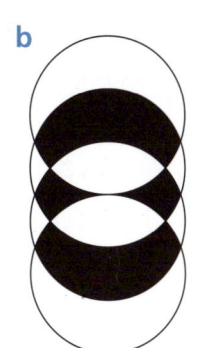

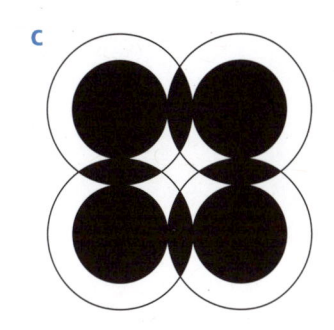

a   b   c

d   e

Zum Weiterdenken Geometrie

Körper

W5 Welche Netze passen zum Spielwürfel?

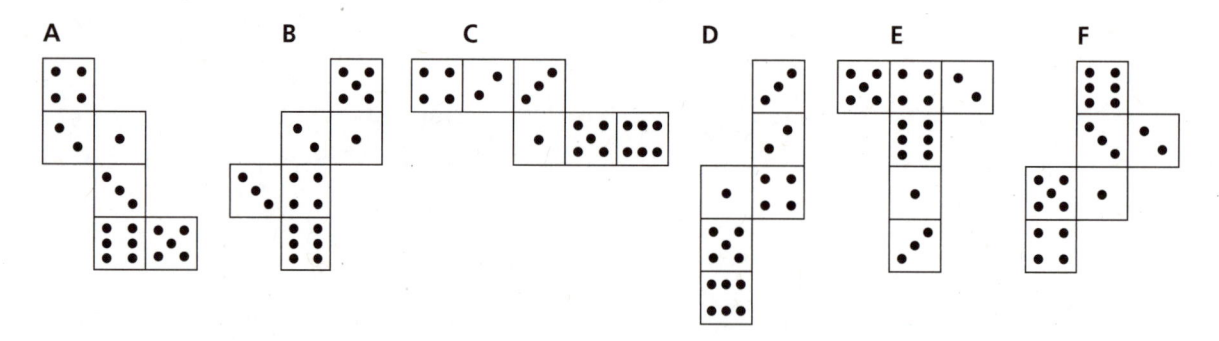

A B C D E F

W6 Welche Netze lassen sich zum abgebildeten Körper falten?

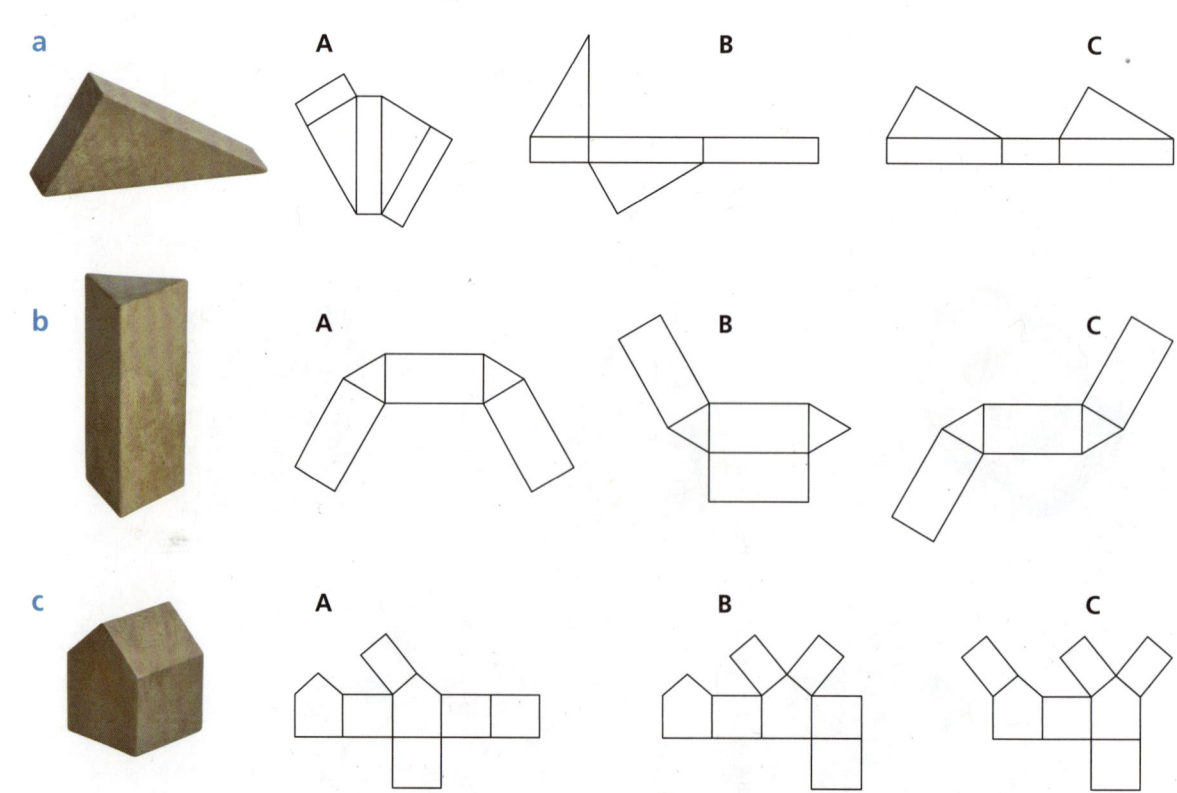

a   A   B   C

b   A   B   C

c   A   B   C

W7 Baue das Haus aus festem Papier.

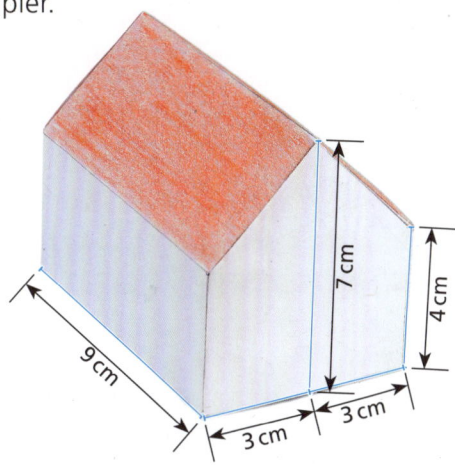

Pläne

W8 Zeichne einen Plan des Fussballfeldes mit den Markierungen, sodass er auf einem A4-Papier Platz hat. Welchen Massstab wählst du? Du kannst den Taschenrechner benützen.

A 16 m 50 cm	**D** 18 m 30 cm	**G** 68 m
B 5 m 50 cm	**E** 18 m 32 cm	**H** 105 m
C 11 m	**F** 11 m	

Zum Weiterdenken Geometrie

Symmetrie

W9 Prüfe Symmetrien.

A　　　　B 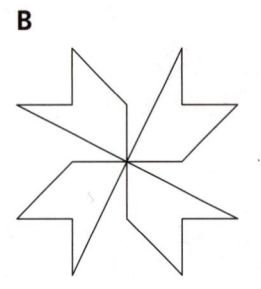　　　　C 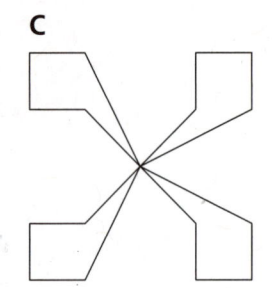　　　　D

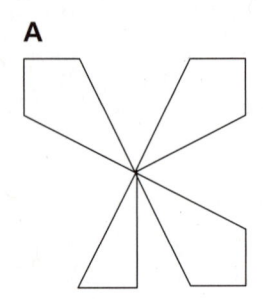

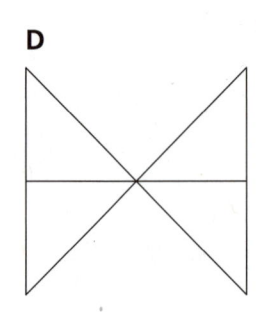

E 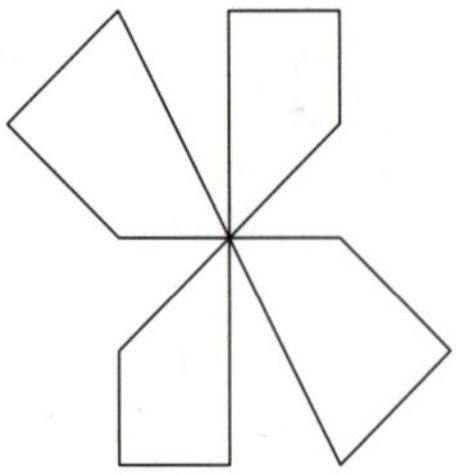　　　　F 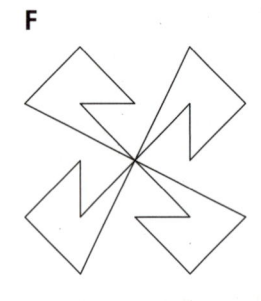　　　　G 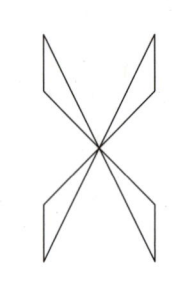　　　　H

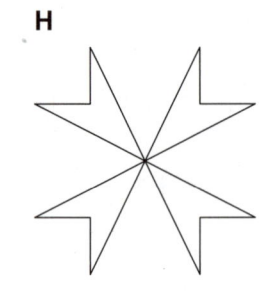

a　Auf welchen Bildern sind Spiegelungen an zwei zueinander senkrechten Geraden dargestellt?

b　Auf welchen Bildern sind Drehungen um einen rechten Winkel dargestellt?

W10 Zeichne das Bild zweimal ab.

Bemale eines der beiden Bilder so, dass Spiegelungen an zwei zueinander senkrechten Geraden dargestellt sind.

Bemale das andere Bild so, dass eine Drehung um einen rechten Winkel dargestellt ist.

a　　　　b 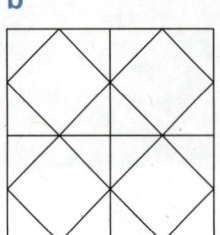　　　　c

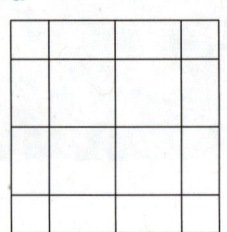

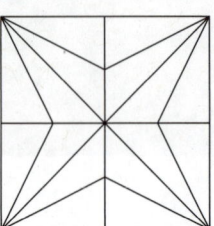

W11 Zeichne das Bild ab.
Vervollständige es so, dass Drehungen um einen rechten Winkel dargestellt sind.

a

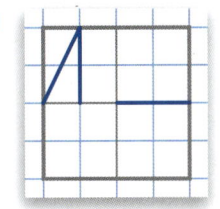

b

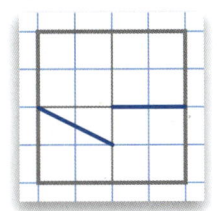

c

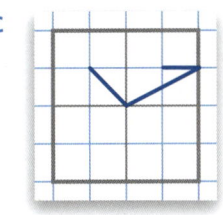

d

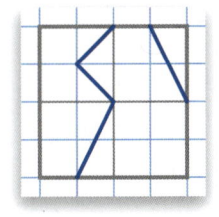

Zum Weiterdenken Grössen und Daten

Längen

W1 Papierformate

a Miss Länge und Breite eines A4-Papiers. Zeichne eine Tabelle, wie du sie unten siehst, und trage die Messwerte ein.
Falte das Papier so, dass die lange Seite halbiert wird. Auf diese Weise entsteht ein A5-Format. Schneide das Papier entlang der Faltlinie möglichst genau entzwei.
Miss die Länge und Breite des A5-Papiers und trage die Messwerte in die Tabelle ein.
Halbiere das A5-Papier auf die gleiche Weise. So entsteht ein A6-Format.
Miss ebenfalls Länge und Breite und trage die Messwerte in die Tabelle ein.
Fahre auf diese Weise fort, bis du die Länge und Breite eines A10-Formates messen und in die Tabelle eintragen kannst.

DIN-Format	Breite	Länge	Beispiel
A4			Arbeitsblatt
A5			
A6			

b Miss Länge und Breite eines A3-Papiers. Was fällt dir auf?

c Suche weitere Papierformate (z. B. Notizblöcke, Hefte, Zeitungen).
Welches ist das grösste Format, das du entdeckst?
Miss dessen Länge und Breite.

Finde Beispiele, wofür die Papierformate verwendet werden.

Zeit

W2 Viele Stoppuhren messen die Zeitdauer auf Hundertstelsekunden genau.

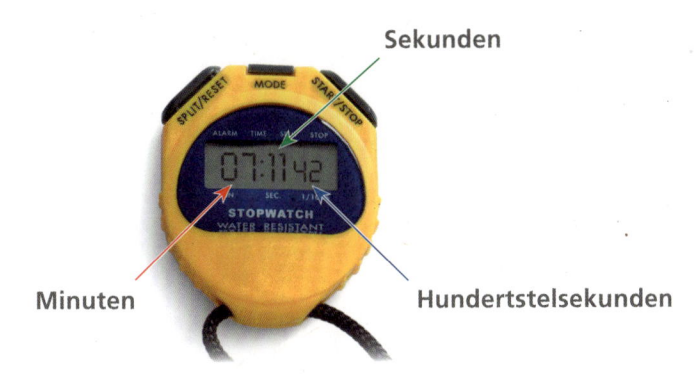

- Sekunden
- Minuten
- Hundertstelsekunden

Bei einem Lauf starten 20 Mädchen und 20 Knaben gleichzeitig.

Für die sechs schnellsten Mädchen und Knaben werden folgende Zeiten gemessen:

Mädchen		
Rang	Name	Laufzeit
1	Nadine	4:56.72
2	Svenja	4:59.64
3	Ria	5:16.29
4	Lena	5:32.90
5	Elena	6:08.27
6	Jael	6:14.35

Knaben		
Rang	Name	Laufzeit
1	David	4:49.77
2	Julian	4:50.35
3	Onur	5:03.55
4	Laurin	5:05.18
5	Alex	5:18.62
6	Fabio	5:40.76

a Berechne die Differenz der Laufzeiten von Nadine und Jael.

b Berechne bei den Knaben die Differenzen der Laufzeiten von je zwei aufeinanderfolgenden Läufern (zwischen Rang 1 und 2, zwischen Rang 2 und 3, …).

c Im Moment, in dem David über die Ziellinie läuft, befinden sich einige Mädchen und Knaben auf den letzten 100 m bis zum Ziel. Skizziere und beschrifte die Position dieser Mädchen und Knaben.

d In welchen Sportarten werden die Leistungen auf Hundertstelsekunden genau gemessen? Liste auf.

Zum Weiterdenken Grössen und Daten

Gewichte

W3 Julian packt für die Schulreise. Das Gewicht der einzelnen Gegenstände hat er mit der Waage bestimmt.

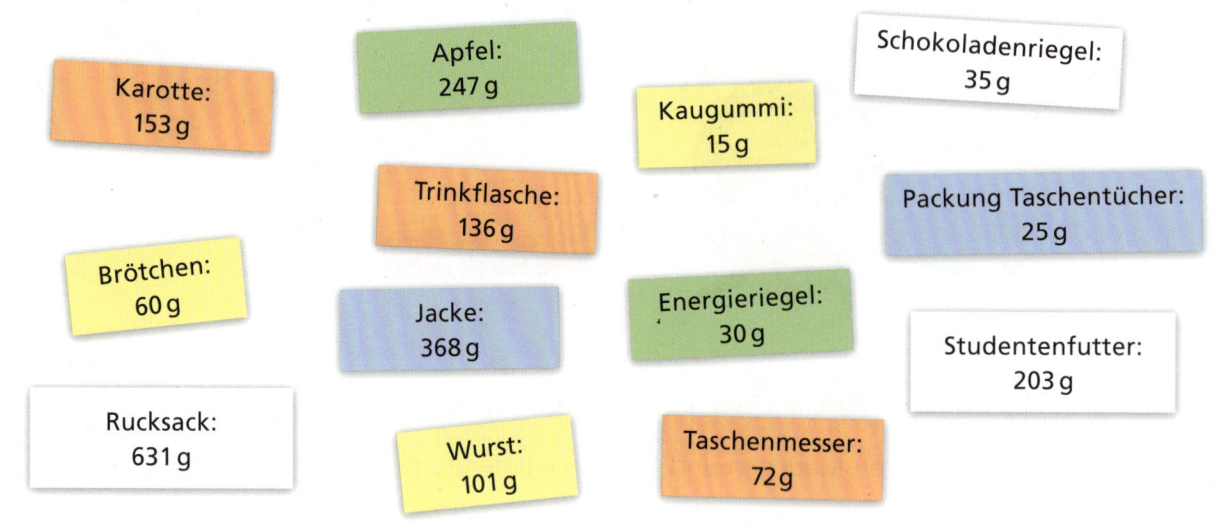

- Karotte: 153 g
- Apfel: 247 g
- Kaugummi: 15 g
- Schokoladenriegel: 35 g
- Trinkflasche: 136 g
- Packung Taschentücher: 25 g
- Brötchen: 60 g
- Jacke: 368 g
- Energieriegel: 30 g
- Studentenfutter: 203 g
- Rucksack: 631 g
- Wurst: 101 g
- Taschenmesser: 72 g

Julian nimmt eine Sechserpackung Schokoladenriegel, zwei Energieriegel und eine Tüte Studentenfutter mit. Die Trinkflasche füllt er mit 1 l Wasser.
Die Karotte und den Apfel packt er mit einigen Würsten und Brötchen in einen dünnen Plastiksack, der dann 945 g wiegt.
Das Taschenmesser, die Packung Kaugummi und die Packung Taschentücher packt er in die Aussentasche. Die Jacke legt er zuoberst in den Rucksack, damit sie jederzeit griffbereit ist.

a Berechne das Gewicht von Julians gepacktem Rucksack.
Schreibe deine Berechnungen auf.

b Wie viele Brötchen und Würste hat Julian dabei?

c Wiege weitere Gegenstände, die du Julian für die Schulreise empfiehlst. Liste die Gegenstände auf und notiere ihr Gewicht. Berechne das neue Rucksackgewicht.

W4 Wie schwer ist der Schulrucksack?

a Wiege deinen leeren Schulrucksack. Wiege Gegenstände, die du immer oder manchmal in den Rucksack packst. Liste deine Messungen auf.
Von welchen Gegenständen hängt es ab, ob dein Rucksack leicht oder schwer ist?

b Schätze, wie viel dein Schulrucksack an einem Tag wiegt, an dem er viele Gegenstände enthält.
Überprüfe deine Schätzung, indem du den Rucksack entsprechend füllst und wiegst.

Hohlmasse

W5 Geschickt umgiessen

Giesse die Flüssigkeiten mehrmals um, ohne dass etwas verloren geht. Protokolliere dein Vorgehen in einer Tabelle oder zeichne es auf.

a Herr Lauber verkauft frischen Süssmost. In der grossen Flasche hat es 25 l Süssmost. Frau Petrow möchte 1 l Süssmost kaufen. Ein Messbecher steht nicht zur Verfügung, nur ein Krug mit 5 l und ein Krug mit 3 l Fassungsvermögen sind zum Abmessen vorhanden.
Wie muss umgegossen werden, damit Frau Petrows Wunsch erfüllt werden kann?

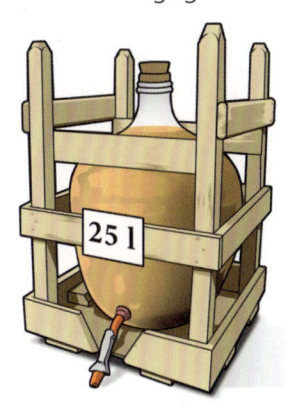

b Die beiden Krüge mit 5 l und 3 l Fassungsvermögen sind mit Süssmost gefüllt. Frau Fischer bringt einen leeren 10-l-Krug und möchte darin 4 l nach Hause tragen. Wie kann ihr Wunsch mit diesen drei Krügen erfüllt werden, ohne dass etwas ausgeleert werden muss?

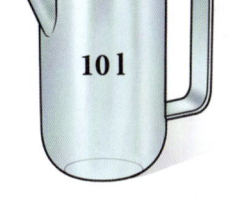

c In einer grossen Flasche hat es 17 l Süssmost. Es sollten darin aber nur 15 l sein. Wie kann dies mit zwei Krügen von 8 l und 7 l Fassungsvermögen erreicht werden?

Zum Weiterdenken Grössen und Daten

Textaufgaben

W6 Alex hilft, 70 Eier in Vierer- und Sechserschachteln zu verpacken.
Er füllt 5 Sechserschachteln mehr als Viererschachteln.

Wie viele Vierer- und wie viele Sechserschachteln braucht er für die Eier?

W7 In einer Konditorei werden Pralinen in Säckchen zu 200 g und zu 350 g abgefüllt.
Von den kleineren Säckchen braucht es doppelt so viele wie von den grösseren.
Total werden 6 kg Pralinen abgefüllt.

Wie viele 200-g- und wie viele 350-g-Säckchen werden gebraucht?

W8 Svenja sammelt 1-Franken- und 50-Rappen-Münzen.
Sie zählt ihre Münzen und stellt fest, dass sie total 90 Stück hat.
Die Münzen ergeben einen Betrag von 70.00 Fr.

Wie viele 1-Franken- und 50-Rappen-Stücke hat Svenja gesammelt?

Schätzen

W9 Schätze die Längen.

a Eingangshöhe

b Gebäudebreite

c Länge des grossen Uhrzeigers

d Turmhöhe

Diagramme

W10 Aus der Zeitung

> **Wie viel Zeit verwendet der Mensch täglich für Essen und Trinken?**
>
> Die durchschnittliche Zeit pro Tag für Essen und Trinken soll laut Statistik in den USA 74 Minuten betragen. Diese Zeit beinhaltet auch die 35 Minuten für die Zubereitung des Essens.
>
> In Europa scheint es anders zu sein: In Frankreich werden für Essen und Trinken pro Tag 135 Minuten, in Schweden 94 Minuten, in Italien 114 Minuten, in Deutschland 105 Minuten und in der Schweiz 110 Minuten aufgewendet. Davon fallen jeweils etwa 50 Minuten für die Zubereitung an.
>
> Am meisten Zeit verbringen laut der Statistik die Menschen in der Türkei mit Essen und Trinken, durchschnittlich 162 Minuten pro Tag. Am eiligsten haben es die Mexikaner, die dafür lediglich 66 Minuten pro Tag benötigen.

a Lies den Zeitungstext durch. Erstelle dazu ein Balken- oder Säulendiagramm.

b Führe selbst eine Umfrage zu diesem Thema durch und stelle deine gesammelten Daten in einem Diagramm dar.

c Vergleiche dein Diagramm mit dem Diagramm zum Zeitungstext. Versuche Unterschiede zwischen den beiden Umfrageergebnissen zu erklären.

W11 Recherchiere die Einwohnerzahlen von acht bis zehn Ländern in Europa und stelle sie in einem Diagramm dar.

Erstelle dein Diagramm so, dass möglichst schnell viele Informationen herausgelesen werden können.

Zum Weiterdenken Grössen und Daten

Sachaufgaben

W12 Zahlen zu Kühen, zu Kälbern und zur Milch

- Pro Tag schlafen die Kühe 3 h bis 4 h.
- Ungefähr 40 kg wiegt ein Kalb bei der Geburt.
- Im Sommer braucht eine Kuh täglich 100 kg Gras und 50 l bis 100 l Wasser.
- Im Winter frisst eine Kuh täglich 20 kg Heu, 2 kg Kraftfutter (aus Mais, Gerste, Hirse, Acker- oder Sojabohnen) und 200 g Salz und trinkt 50 l bis 100 l Wasser.
- Eine ausgewachsene Kuh wiegt je nach Rasse 450 kg bis 750 kg.
- Ein leeres Kuheuter wiegt 20 kg. Mit Milch gefüllt kann es bis zu 50 kg wiegen.
- Pro Tag saugt ein Kalb 15- bis 25-mal an den Zitzen des Euters seiner Mutter.
- Für 1 l Milch müssen 500 l Blut durch das Drüsengewebe im Euter fliessen.
- Pro Tag produziert eine Kuh 200 l Speichel. Daher muss sie viel Wasser trinken.
- Mindestens 90 Tage pro Jahr muss sich in der Schweiz eine Milchkuh im Freien aufhalten (Vorschrift).
- Nach 10 Monaten wiegt ein Kalb ungefähr 340 kg.
- Pro Tag gibt eine Kuh in der Schweiz durchschnittlich 24 l Milch.
- Eine Kuh ist während 10 h bis 13 h des Tages mit Wiederkäuen beschäftigt.
- An 300 Tagen im Jahr gibt eine Kuh Milch. Die restliche Zeit schont sie sich und bereitet sich auf die Geburt des nächsten Kalbes vor.

a Schreibe Sachfragen auf, die du mit den gegebenen Informationen berechnen und beantworten kannst. Schreibe deine Antworten auf.

b Wähle einige Informationen aus und schreibe zu diesen einen zusammenhängenden Text.

Regeln und Strategien

W13 Strategiespiel: Immer 3 Punkte umdrehen

Zum Spielen brauchst du Wendepunkte.
Lege die Wendepunkte wie abgebildet hin. Bei jedem Spielzug musst du drei nebeneinanderliegende Wendepunkte in einer Zeile oder einer Spalte umdrehen. Ziel des Spiels ist, dass nach möglichst wenigen Spielzügen bei allen Wendepunkten die rote Fläche oben ist.

Notiere, wie viele Spielzüge du brauchst.

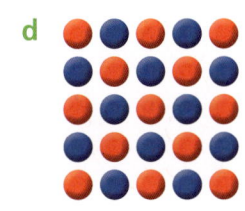

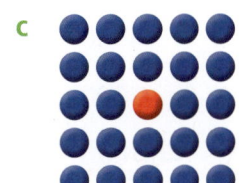

W14 Strategiespiel: Schieben und hüpfen

Zum Spielen brauchst du Wendepunkte.
Zeichne den Spielplan und lege die Wendepunkte wie abgebildet hin.

Bei jedem Spielzug darfst du …
- … einen beliebigen Wendepunkt auf ein benachbartes freies Feld schieben (nach links, rechts, oben oder unten) oder
- … mit einem beliebigen Wendepunkt über einen benachbarten Wendepunkt auf ein freies Feld hüpfen.

Ziel des Spiels ist, dass nach möglichst wenigen Spielzügen die roten und die blauen Wendepunkte ihre Positionen getauscht haben.

Notiere, wie viele Spielzüge du brauchst.

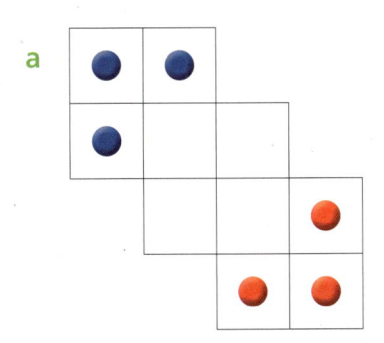

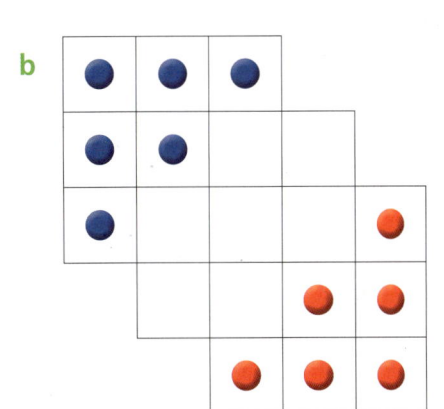

Zum Nachschlagen

Zahlen und Ziffern

Zehnerpotenzen	10, 100, 1000, 10 000, 100 000, 1 000 000, ...

Zahlen mit einer Wertziffer

1	2	3	4	5	6	7	8	9
10	20	30	40	50	60	70	80	90
100	200	300	400	500	600	700	800	900
1000	2000	3000	4000	5000	6000	7000	8000	9000
10 000	20 000	30 000	40 000	50 000	60 000	70 000	80 000	90 000
100 000	200 000	300 000	400 000	500 000	600 000	700 000	800 000	900 000

Zahlen-Nachbarn

Nachbar-Einer (Nachbarzahlen)	z. B. 436 715	436 716	436 717			
Nachbar-Zehner	z. B. 436 710	436 716	436 720,	315 970	315 980	315 990
Nachbar-Hunderter	z. B. 436 700	436 716	436 800,	315 800	315 900	316 000
Nachbar-Tausender	z. B. 436 000	436 716	437 000,	314 000	315 000	316 000
Nachbar-Zehntausender	z. B. 430 000	436 716	440 000,	300 000	310 000	320 000
Nachbar-Hunderttausender	z. B. 400 000	436 716	500 000,	200 000	300 000	400 000

Vielfache von Zehnerpotenzen

Zehnerzahlen	z. B. 40, 80, 140, 570, 4360
Hunderterzahlen	z. B. 200, 700, 1900, 2600, 34 700
Tausenderzahlen	z. B. 3000, 5000, 18 000, 72 000, 143 000
Zehntausender-Zahlen	z. B. 60 000, 80 000, 120 000, 880 000
Hunderttausender-Zahlen	z. B. 500 000, 700 000, 1 400 000

Quersumme	Die Quersumme einer Zahl ist die Summe ihrer Ziffern. Quersumme von 347 201 : 3 + 4 + 7 + 2 + 0 + 1 = 17

Addition und Subtraktion

Addition

4200 + 600 = 4800
Summand Summand Summe

Subtraktion

7300 − 600 = 6700
　　　　　　Differenz

Multiplikation und Division

Multiplikation

3 · 300 = 900
Faktor Faktor Produkt

Division

2100 : 3 = 700
　　　　Quotient

Verteilungsgesetz Multiplikation

8 · 27 = (8 · 20) + (8 · 7)

Verteilungsgesetz Division

96 : 6 = (60 : 6) + (36 : 6)

Zum Nachschlagen

Geometrie

Flächen

Flächeninhalt
Umfang

Linien

| Gerade | Strecke | Parallel | Senkrecht |

rechter Winkel

Kreis

Kreislinie
Mittelpunkt
Radius

Vielecke

Dreieck Viereck Rechteck Quadrat

Diagonalen

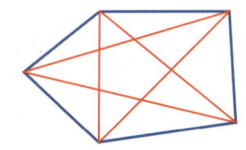

Körper

Zylinder

Quader

Würfel

Kugel

Pyramide

Kegel

Daten und Grössen

Längen

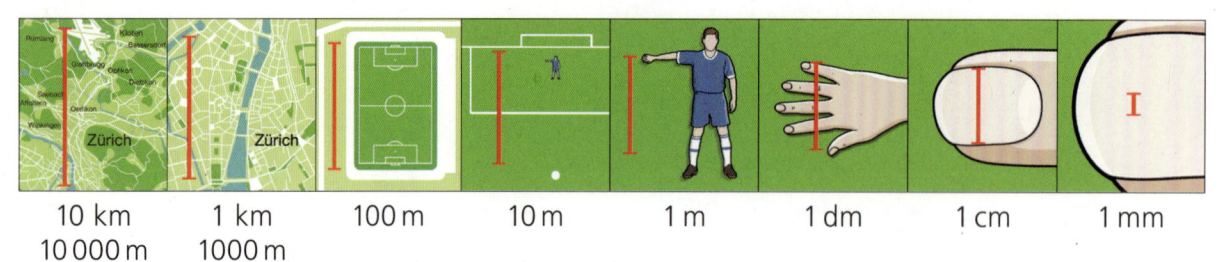

| 10 km
10 000 m | 1 km
1000 m | 100 m | 10 m | 1 m | 1 dm | 1 cm | 1 mm |

Gewichte

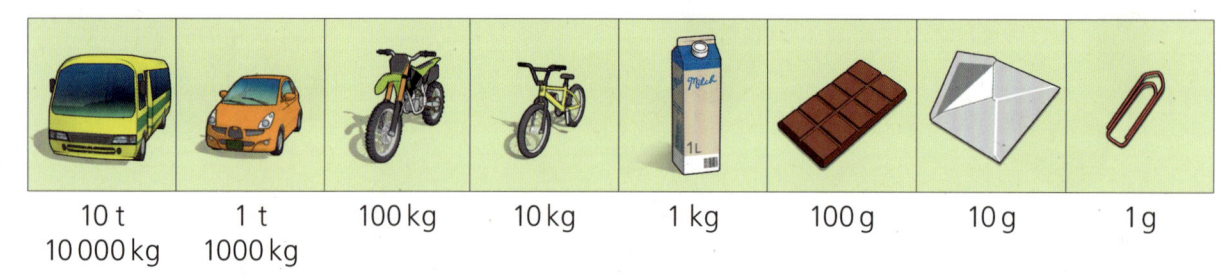

| 10 t
10 000 kg | 1 t
1000 kg | 100 kg | 10 kg | 1 kg | 100 g | 10 g | 1 g |

Hohlmasse

| 100 hl
10 000 l | 10 hl
1000 l | 1 hl
100 l | 10 l | 1 l | 1 dl | 1 cl | 1 ml |

Zeit
1 d = 24 h
1 h = 60 min = 3600 s
1 min = 60 s

Diagramm

Säulendiagramm

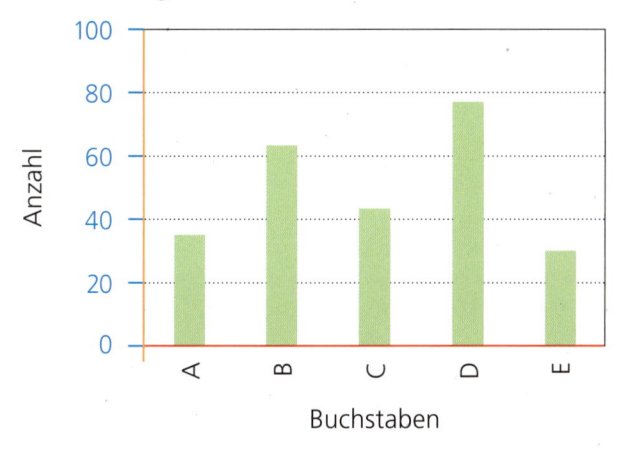

Balkendiagramm

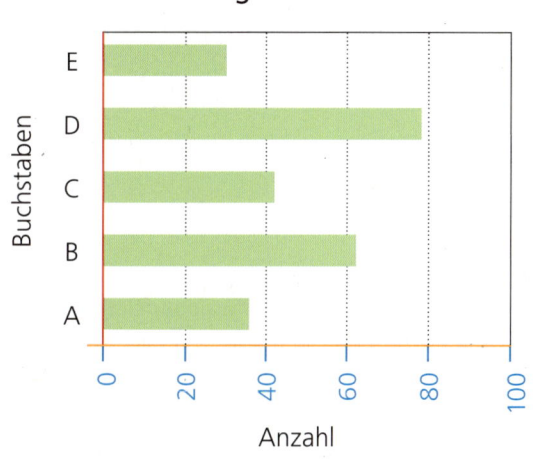

Säulen/Balken Rubriken-Achse Werte-Achse Skala

Bildnachweis

S. 4 Matterhorn © vencav/Fotolia.com; Wespennest © SibylleMohn/Fotolia.com; Gemeinde Eglisau © Waldteufel/Fotolia.com; Eisstadion Zug © Felix Klaus, Rotkreuz

S. 5 Schweizer Banknoten, naef-grafik.ch; Münzen © swissmint

S. 23 Zahlenschloss, naef-grafik.ch

S. 36 Klappmeter, naef-grafik.ch

S. 40 Uhr a © Jiri Hera/Fotolia.com; Uhr b © Peter Hermes Furian/Fotolia.com; Uhr c © stoonn/Fotolia.com; Uhr d © vadim yerofeyev/Fotolia.com; Uhr e © mehmetcanturkei/Fotolia.com; Uhr f © Aleksandar Mijatovic/Fotolia.com

S. 53 Stade de Suisse © BSC YB

S. 76 Personenwaage © daneger/iStock by Getty Images; Mechanische Küchenwaage © mura/iStock by Getty Images; Waage mit Gegengewichten © GeorgSV/Fotolia.com; Briefwaage © Stable007/iStock by Getty Images; Digitale Küchenwaage © demypic/iStock by Getty Images

S. 78 Koffer rot © windujedi/iStock.com; Koffer blau © DrAbbate/iStock.com; Butterzopf gross © Schlierner/Fotolia.com; Butterzopf klein © sumnersgraphicsinc/iStock.com; Rucksack © nbehmans/iStock.com; Schlafsack © nano/iStock.com; Geländewagen © tournee/Fotolia.com; Pferdeanhänger © gradt/Fotolia.com; Pferd © Andrea Leicht/foto-aldente.ch; Mann © laflor/iStock.com; Frau © shapecharge/iStock.com; Nutzfahrzeug © schaltwerk/Fotolia.com; Nutzfahrzeug beladen © schaltwerk/Dmytro Titov/Fotolia.com; Meerschwein © mdxphoto/Fotolia.com; Meerschweinchen © joannawnuk/iStock.com; Wasserflaschen © design56/iStock.com

S. 80 Labor-Messinstrument © wolfelarry/Fotolia.com; Spritze © lasalus/Fotolia.com; Wasserglas © Barbara Pheby/Fotolia.com

S. 96 Chinahut © by-studio/Fotolia.com; Gelbe Batterie © babimu/Fotolia.com; Oelfass © valdis torms/Fotolia.com; Pyramide © mrahmo/Fotolia.com; Feuerwerkskörper © PRILL Mediendesign/Fotolia.com; Paket © bannosuke/Fotolia.com; Teebeutel © Gresei/Fotolia.com; Eis © Jack Jelly/Fotolia.com; Kerze © Fanfo/Fotolia.com; Geburtstagstorte © Ideenkoch/Fotolia.com

S. 127 Stadtplan Zürich 1 : 10 000 © 2013 Orell Füssli Kartographie AG, Zürich; Altstadt Zürich © Tanya/Fotolia.com

S. 131 Luftaufnahme von Winterthur © Reproduziert mit Bewilligung von swisstopo (BA13108), Alexandra Frank, Verlag/Lizenzen/Bundesamt für Landestopografie

S. 136 Alpenmurmeltier © Peter300/wikipedia.org (CC-BY-SA 3.0)

S. 171 Fussballstadion Madrid © Fotosearch

S. 175 Stoppuhr, naef-grafik.ch

S. 178 Reformierte Kirche Wallisellen © Ikiwaner/Wikipedia.org (CC-BY-SA-3.0)